1 导言

图书在版编目(CIP)数据

编织技法/施芮,普欣尧主编;王彦敏,蹇龙,李蓉丽副主编. —武汉:中国地质大学出版社,2023.6

职业教育新形态系列教材

ISBN 978-7-5625-5588-9

Ⅰ.①编… Ⅱ.①施… ②普… ③王… ④蹇… ⑤李… Ⅲ.①编织–手工艺品–制作–职业教育–教材 Ⅳ.① TS935.5

中国国家版本馆 CIP 数据核字(2023)第 093610 号

编织技法		施芮　普欣尧　主编
责任编辑:彭琳	选题策划:张琰	责任校对:张咏梅

出版发行:中国地质大学出版社(武汉市洪山区鲁磨路388号)　　邮编:430074
电　话:(027)67883511　　传　真:(027)67883580　　E-mail:cbb@cug.edu.cn
经　销:全国新华书店　　　　　　　　　　　　　http://cugp.cug.edu.cn

开本:787mm×1092mm　1/16　　　　　字数:268千字　印张:13.25
版次:2023年6月第1版　　　　　　　　印次:2023年6月第1次印刷
印刷:湖北睿智印务有限公司

ISBN 978-7-5625-5588-9　　　　　　　　　　　　　　　　定价:56.00元

如有印装质量问题请与印刷厂联系调换

《编织技法》编委会

主　编：施　芮　普欣尧

副主编：王彦敏　寒　龙　李蓉丽

参　编：辛志成　王红艳　李丽侠　李静婷

　　　　张　昊　段婧媛　姜美宁　陈　璇

目 录

1 导言 / 001
2 学习任务 / 011
    学习任务一　单向平结编织 / 012
    学习任务二　双向平结编织 / 019
    学习任务三　缠股线 / 026
    学习任务四　绕线圈 / 032
    学习任务五　双钱结编织 / 038
    学习任务六　菠萝结编织 / 044
    学习任务七　蛇结编织 / 052
    学习任务八　金刚结编织 / 059
    学习任务九　琵琶结编织 / 067
    学习任务十　单线纽扣结编织 / 074
    学习任务十一　双线纽扣结编织 / 080
    学习任务十二　凤尾结编织 / 087
    学习任务十三　圆形玉米结编织 / 094
    学习任务十四　方形玉米结编织 / 101
    学习任务十五　三瓣曼陀罗结编织 / 108
    学习任务十六　四瓣曼陀罗结编织 / 116
    学习任务十七　流苏编织 / 124
    学习任务十八　吉祥结编织 / 132
    学习任务十九　猴拳结编织 / 142
    学习任务二十　右斜卷结编织 / 149
    学习任务二十一　左斜卷结编织 / 156
    学习任务二十二　四股辫编织 / 162
    学习任务二十三　发簪结编织 / 170

3 作业案例 / 179
　　作业案例一　《月明如水》　　　　　／ 180
　　作业案例二　《蜗牛》　　　　　　　／ 181
　　作业案例三　《鱼在水》　　　　　　／ 182
　　作业案例四　《茶勺》　　　　　　　／ 183
　　作业案例五　《三彩》　　　　　　　／ 184
　　作业案例六　《自在》　　　　　　　／ 185
　　作业案例七　《鱼悦》　　　　　　　／ 186
　　作业案例八　《龙牌》　　　　　　　／ 187
　　作业案例九　《云吞》　　　　　　　／ 188
　　作业案例十　《花开富贵》　　　　　／ 189
　　作业案例十一　《中国红》　　　　　／ 190
　　作业案例十二　宝宝聚福系列作品　　／ 191
　　作业案例十三　《少女》　　　　　　／ 192
　　作业案例十四　《一路"象"北》　　／ 193
　　作业案例十五　《轮回结》　　　　　／ 194
　　作业案例十六　《石榴》　　　　　　／ 195
　　作业案例十七　《蔷薇》　　　　　　／ 198
　　作业案例十八　《北极熊的烦恼》　　／ 199
　　作业案例十九　"礼物"主题系列作品　／ 200
　　作业案例二十　《出"棋"不意》　　／ 202

随着我国经济社会的发展，关于职业教育的方针政策不断推陈出新。2019年1月24日，国务院印发了《国家职业教育改革实施方案》（职教二十条），高职教育逐步转向类型教育。各高职院校必须深入思考在这场激烈的人才竞争中如何使高职教育适应新形势下的社会需求，如何全面提升学生的综合竞争力，让学生真正做到学以致用。

教学改革是一个持久的课题，没有模式可套，只有持续关注社会对人才需求的变化并结合自身情况开展教学实践，才能不断地完善教学改革方法，提升教学改革的效果。具体而言，教师要对以往教学进行反思、梳理，在反思中调整教学结构与体系，进而完善课程体系。这一过程包含着对现有教学知识链的思考：如何在原有知识结构的基础上整合出一条更科学的知识链，并使链中的知识点环环相扣；如何对每个知识点展开深入研究与探讨；怎么才能更好地体现每门课程的知识含量，以及采用切实可行的操作流程与教学方法。教育不仅要授之以"鱼"，更要授之以"渔"，使学生将所学知识与技能转化为实际应用的能力。

编写一部好的教材实属不易。作为教材改革成果——新型活页式教材，其理论与实践高度融合，不仅具有完整的理论体系，更具有鲜活的案例、科学的课题设计以及可行的教学方法与手段。编者在编写过程中以自身教学实践为基础，汲取了相关书籍的经验，结合时代特征对教材形式进行创新。本书的编写团队中不仅有一线教师，还有技能大师。这样的编写团队不仅能保证本书编写的理论水平，还能解决编写内容的实践难题。

本书遵从"珠宝首饰设计""编织印染设计""服装配饰设计""编织配饰设计"课程的编织技法学习流程来编排图书体例，以任务驱动的模式进行编写。本书每一个学习任务都分为任务情景、结形解析、学习目标、建议学时、前期准备、编结步骤、成品评价、创意作业等模块，从介绍编织的基本工具和材料，到了解编织的基础方法，再到将绳结制作与首饰设计完美融合，充分全面地对编织相关知识及技术技能进行梳理呈现。学习者可完成教材内设置的学习任务，循序渐进地掌握编织方法，并对编织技能及相关领域形成一个全面的理解。本书的范例生动，贴近现实及实际运用，展示作品都为学生已完成的项目成果及教师作品。本书是昆明冶金高等专科学校艺术设计学院宝玉石鉴定与加工专业和工艺美术品设计专业教研成果之一。在此，对辛勤付出的各位老师、工作人员及参与教材编制并提供案例作品的各位同学表示衷心的感谢。

1. 课程性质

本课程是珠宝大类专业（宝玉石鉴定与加工、珠宝首饰设计与工艺）的核心课程，是学生必修的专业技能课。本课程通过教授编织技法设计原理等方面的理论知识，开展绳结编织、材料制作、设计构图、首饰制作等方面的技能训练，培养学生的审美意识和实践能力，为培养核心课程要求的专业技能、提升学生的审美能力奠定基础。本课程旨在为学生搭建起珠宝玉石专业的整体工作框架，让他们了解珠宝首饰编织的工作流程，提升他们对编织设计岗位的认知能力。

2. 课程学习目标

作为专业核心课程，本课程的人才培养核心目标是培养德建名立、砺器悟道，识材料、懂工艺、善制图、富美感、能设计、会营销的珠宝配饰编织设计师。本课程以学生为主体，以制定学习任务、关注时事热点、建设课程思政、参加业内赛事、紧跟时尚潮流为驱动点，帮助学生掌握编织技能并完成编织任务，从而实现课程的知识目标、能力目标、素质目标和思政目标。

3. 学习组织形式与方法

教师采取学习情境教学法、任务驱动法，帮助学生理解具体的编织设计思路和编织手法等内容，如采取课堂实操示范教学活动的形式，实现寓教于乐，在轻松氛围下达成课程目标。学生采取自主学习法、实践学习法完成课程内容的学习任务，制作并分享作品、评价作品，在总结和反思中进行创意拓展。学生在以研讨热点话题、传承非物质文化遗产等方式开展学习的过程中，加深了对中华传统文化的了解，激发了爱国主义情怀。教师以学习任务驱动课程，结合实践工作，参与现代学徒制的培养环节，将非物质文化遗产传承作为己任，并按照行业标准、设计规范、美学效果开展理论教学和实践教学，不断培养学生的"工匠精神"，提升学生的综合素质。

4. 编织技法基础知识

编织中国结，一般有编、抽、修3个步骤，有些绳结编的方法是固定的。抽的步骤能表现出结体的松紧以及线条的流畅和工整，非常考验编织者的艺术技巧。修的步骤最能体现出编织者对绳结的完整度的把控，使绳结呈现完美的效果。很多材质的绳子都可以用来编织，包括玉线、金属线、丝线、棉线、尼龙线、皮线。在选材上虽然可以不拘一格，但专业的编织用绳会更容易成型，编出的结也更美观漂亮。

（1）编。根据所需的款式，选定合适的绳子种类和绳子长度，注意颜色搭配适宜。如果需要配饰品作吊坠，开始编的时候就要预先把饰品穿在线的正中央，然后依照图解的步骤开始编织。如果需要制作有配珠的手绳，在编织过程中应注意按照计划有规则地一边编一边穿入珠子。

对于线路较为复杂的结形，可以用珠针逐步把线固定在垫板上慢慢编。编时一面要注意线路走向，辨清线与线的关系；一面要留意线的纹路是否平整，尽量不要扭折，且编绳长度要适中，避免出现浪费或者不够用的情形。线与线之间的空间不妨留得宽一点，这样穿线的过程会比较容易。

编到最后，线条将会变得密集，这时候我们可以借助钩针或者镊子将线头绑住并穿出，注意钩针不能太尖锐，否则会将绳结勾出毛絮，影响整体的美观。

（2）抽。编的步骤完成之后，要将绳结抽紧定形，这是整个编结过程中最重要也是最困难的步骤。抽时不可操之过急，需要有耐心，有些绳结刚编完时一抽会变得很凌乱，比如菠萝结、纽扣结、吉祥结，因此应先认清要抽的那几根线，然后同时均匀施力，慢慢抽紧并且随时注意编线有没有发生扭折的现象。先把结的主体抽紧之后，再开始调整它的耳翼、叶瓣或花瓣的长短，自结的起端开始把多余的线向线头的方向依次推移集中。在此操作中，绝对不能让结的主体松散，若遇线段扭折，要一边抽，一边用拇指与食指转动线段，或者借用镊子施力，使之平展过来。由于抽的方法不同，往往可得不同形状的结，这项技术也会直接影响到绳结的外观之美丑。所以，在抽的时候，一定要有耐性，做到慢工出细活。

（3）修。将结形调整得完全满意之后，需要对它进行修剪。为了使结形保持尽善尽美的状态，在有些容易松散之处、结尾之处或垂挂饰物的着力处，最好用与绳结同色的细线很巧妙地缝上几针，这样结就不会变形了。缝针时要注意藏好针脚，不要让它露出痕迹。结形固定之后，可以在结的耳翼或其他适当的地方，镶上颜色相配的珠子，以增华美之效。

在编的时候，我们可将珠孔足够大的珠子穿在线上编进结中。通常珠孔的孔口直径小于线的宽度，所以只好在结形固定以后再将珠子缝在需要的位置。接下来就可以再打一个简单的小结，或穿上其他佩珠来进行装饰。在选用饰物时也要注意饰物的颜色、形状和大小等能否与结的主体搭配得当。总之，在编好、抽好结之后，对修的步骤还是不能马虎，因为这一步骤中最能体现出"工匠精神"。最后要处理线头，不要让散乱的线头破坏美观的结体。处理线头的方法有很多，如打简单的小结或把线头藏在结里面，也可以使用金银细线把线头缠绕起来，缠绕时最好每缠数圈即缝一下，以免松散。

因为绳结是一种非常精致的饰物，所以绝不能疏忽像线头之类的小地方，对这些小地方需更用心，仔细处理和修整。此外，要使绳结工艺更上一层楼，审美能力是必不可少的，在完成选材、配色、结形设计、饰物搭配等环节的任务时都需要一定的审美能力。

5. 材料与工具

5号线

7号线

3股流苏线

玉线（1）

玉线（2）

如意扁线

编织技法

米兰线

腊线

穿珠弹力线

珠针

剪刀

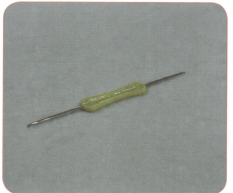

钩针

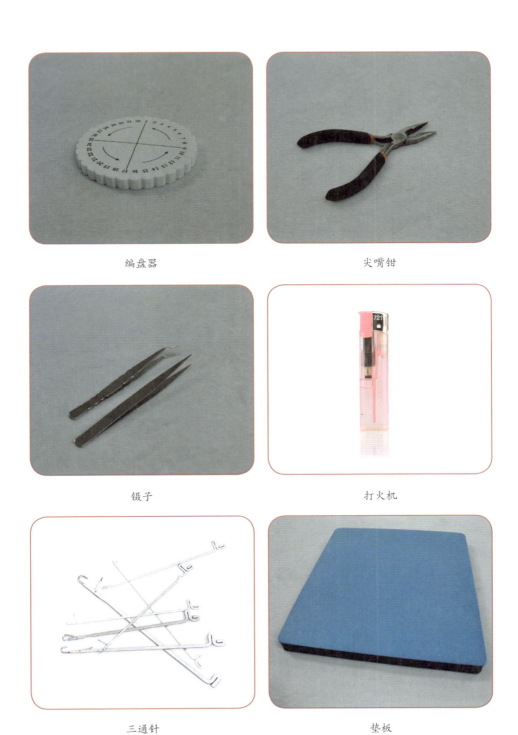

编盘器　　　　　　　　尖嘴钳

镊子　　　　　　　　　打火机

三通针　　　　　　　　垫板

编织技法

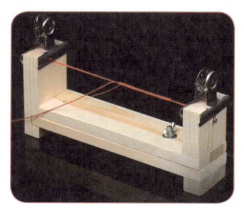

编织固定工具

胸针

耳勾

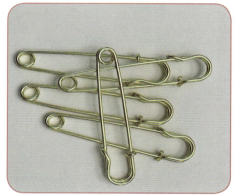

大别针

金属配件

银珠

绿松石配珠　　　　　南红玛瑙

翡翠饰品　　　　　蜜蜡

珍珠　　　　　陶瓷配饰

1 导言

菠萝结

6. 用线的长度

在编织绳结时需要提前估算用线的长短，一条手绳、一条项链具体需要多长的线绳是比较难估算的，但是我们可以根据绳结来回穿梭编织的轨迹大致估算，当然更需要编织者在实践中日积月累的经验，才能更为精准地估算用线量。初学者很多时候编织的绳结较为松散，用力不均匀容易造成线绳不够用或者用不完，这时候我们需要多进行实践和提前估算。以下列出几个绳结所需的估算用线量，仅供参考。

（1）双钱结：15cm。

（2）纽扣结：20cm。

（3）吉祥结：30cm。

（4）琵琶结：50cm。

（5）发簪结：60cm。

（6）蛇结：70cm。

2 学习任务

XUEXI RENWU

学习任务一　单向平结编织

编织技法

单向平结编织步骤

任务情景

北京申奥标志是一幅中国传统手工艺品图案，即同心结、中国结。图案展现了一个打太极拳的动感姿势，其简洁的线条蕴含着和谐之美、力量之美。在现代结艺中，平结是基本结形之一，既可以用于手绳编织，也可以用于装饰珠宝，编结时常以一线或一物为轴心，顺着同一个方向反复穿梭而成。现学校即将举办生活用品设计创意大赛，材料不限，要求在一周内绘制完成设计图并按照设计图手工制作一款与生活息息相关的绳结作品，既能体现实用性，又能体现美观性，并能蕴含一定的生活寓意。

结形解析

平结是一种很简单的基本结形，分为单向平结和双向平结。旋转的平结叫作单向平结，寓意富贵平安、四平八稳，常用于编织手绳、项链、装饰物等。

学习目标

1.能够掌握单向平结结形的编织方法与要点。

2. 能够将单向平结与珠宝配饰相结合，编织手链。
3. 能够运用材质、造型、色彩等方面的知识，对编织的结进行装饰与美化。

建议学时

2 学时。

前期准备

2 根蓝色系 72 号玉线（长度均为 50cm）、1 颗海蓝宝圆珠、1 根 3 股银线（长度为 30cm）、打火机、剪刀、珠针。

编结步骤

1. 编织单向平结的主要流程有哪些？

2. 编织单向平结时最容易出现什么问题？

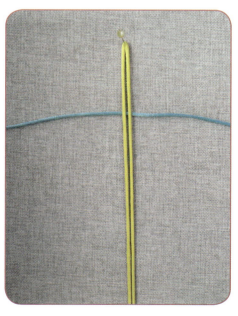

（1）用珠针将黄线固定，截取我们需要的主线（黄线）长度，将主线按此长度对折并固定好，把蓝线放在主线下方，留出合适的结扣孔，准备编织。

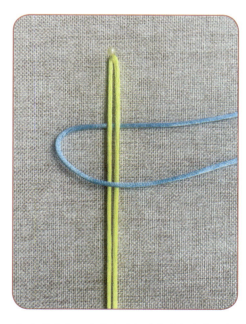

（2）将蓝线从左向右对折并在左侧留出 1 个半圆，注意此时左侧蓝线置于黄线上方。

编织技法

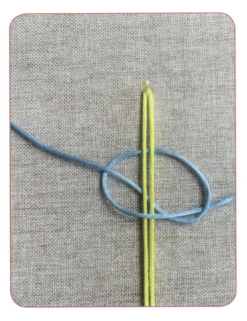

（3）将右侧上方的蓝线置于黄线下方从右向左穿过第1个半圆并往前拉出。

（4）慢慢收紧编织线，第1个单向平结就打好了。后续可重复前文（1）、（2）、（3）的操作步骤。

（5）将左侧蓝线向右折出1个小半圆，此时蓝线置于黄线上方。可参见前文第（2）步。

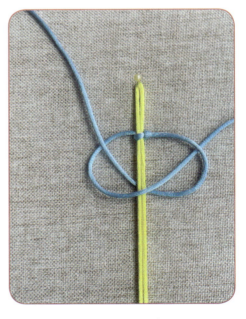

（6）将右侧上方的蓝线置于黄线下方从右向左穿过第2个半圆并往前拉出。

（7）收紧编织线，注意每个结都是依次用同样的力收紧线，不收紧或者用力不均匀会导致绳结大小不一、不美观，甚至还会移动。

（8）重复同样的编织步骤，慢慢会出现顺着同一个方向螺旋状的纹路。（注意：如果绳结错位，有可能前面步骤有误。）

（9）收紧蓝色线圈并剪去多余线头，用打火机烧一下线头，即完成作品。

成品评价

1. 和小组同学的绳结成品相比，你的作品质量如何？颜色搭配和综合材料的应用有没有做到创新？

_____
_____
_____

2. 单向平结还可以应用在哪些地方？

_____
_____
_____

3. 教师总结评价：

_____
_____
_____

任务评分表			
评分标准	得分	扣分	备注（评分理由）
方法正确（1分）			
结形整齐（1分）			
松紧适中（1分）			
结尾干净（1分）			
配色美观（1分）			
考勤评价（3分）			
客户评价（1分）			
赛项评价（1分）			
总分（10分）			

创意作业

1. 单向平结不仅可以用来编织手绳,还可以用于编织项链。请同学们参考下面的图片,运用单向平结编织方法设计一款与生活息息相关的绳结作品。

2. 请同学们以表格的形式列出作业结形的编织流程和编织过程中的重难点。

任务总结表	
编织流程	
重点	
难点	
工具材料	
用线长度	
学习心得体会	

3. 请同学们预习双向平结的寓意和编织方法。
_____
_____

4. 请同学们画出设计图，并且标明编织材料，写出设计说明。

- 编织材料

_____

_____

_____

- 设计说明

_____

_____

_____

- 设计图

学习任务二　双向平结编织

双向平结编织步骤

🔖 任务情景

双向平结是平结的另一种结形。与单向平结不同的是，双向平结是以一线或一物为轴心，往两个方向反复穿梭而成。现在有客户想买一根手绳或一条项链作为生日礼物送给朋友，精致简洁的双向平结编织物可以满足客户的需求。我们可在现场快速编织双向平结，并加入各色圆珠作为点缀，展现独一无二的设计方案。

🔖 结形解析

双向平结是中国结中最基础的绳结，外观如梯子，结形扁平笔直，寓意延寿平安、富贵平安、平步青云，常用来编织项链、戒指、手链、结尾等。

🔖 学习目标

1. 能够掌握双向平结结形的编织方法与要点。
2. 能够将双向平结与珠宝配饰相结合，编织项链、手绳、挂件等。
3. 能够运用材质、造型、色彩等方面的知识，对编织的结进行装饰与美化。

建议学时

2学时。

前期准备

粉色、白色、紫色72号玉线各2根（长度均为50cm）、1颗银圆珠、打火机、剪刀、珠针。

编结步骤

1.编织双向平结的主要流程有哪些？

_____

2.单向平结和双向平结的异同点是什么？

_____

（1）用珠针将黄线固定，截取我们需要的主线（黄线）长度，将主线按此长度对折并固定好，把蓝线放在主线下方，留出合适的结扣孔，准备开始编织。

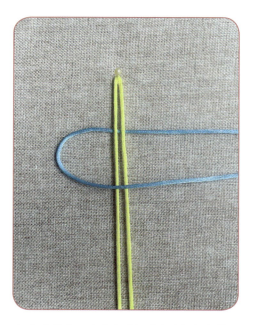

（2）将蓝线从左向右对折并在左侧留出第1个半圆，注意此时左侧蓝线置于黄线上方。

（3）将右侧上方的蓝线置于黄线下方从右向左穿过第1个半圆并往前拉出。

（4）慢慢收紧编织线，第1个单向平结就打好了。双向平结和单向平结类似，不同之处就是单向平结是在相同方向上编织，而双向平结是在左、右两个方向上交替编织。

（5）将右侧蓝线置于黄线上方并从右向左做出1个半圆，将左侧蓝线置于黄线下方并从左向右穿过半圆，往前拉出。

（6）收紧编织线，可以看到第2个双向平结就打好了。左、右两边分别有沿着主线方向的小竖线条，当我们分不清该编哪边的时候，可以看一下小竖线在哪边就先编织哪边，这样就不会错线了。

编织技法

（7）重复双向平结的编织方法，左、右交替着往下编织。

（8）注意编织每一个结的时候用力要均匀，这样绳结才会整齐、美观且不松散。

（9）剪去多余线头，用打火机烫烧线头，即完成作品。

成品评价

1. 和小组同学的绳结成品相比,你的作品质量如何?颜色搭配和综合材料的应用有没有做到创新?

　　_____
　　_____
　　_____

2. 双向平结还可以应用在哪些地方?

　　_____
　　_____
　　_____

3. 教师总结评价:

　　_____
　　_____
　　_____

任务评分表			
评分标准	得分	扣分	备注(评分理由)
方法正确(1分)			
结形整齐(1分)			
松紧适中(1分)			
结尾干净(1分)			
配色美观(1分)			
考勤评价(3分)			
客户评价(1分)			
赛项评价(1分)			
总分(10分)			

创意作业

1. 请同学们参考下面的图片，根据客户需求编织一款双向平结手绳。注意要搭配配饰，有一定设计感。

2. 请同学们以表格的形式列出作业结形的编织流程和编织过程中的重难点。

任务总结表	
编织流程	
重点	
难点	
工具材料	
用线长度	
学习心得体会	

3. 请同学们画出设计图,并且标明编织材料,写出设计说明。

编织材料

设计说明

设计图

学习任务三　缠股线

编织技法

缠股线步骤

🪢 任务情景

在小组活动中，大家都将编好的单向平结饰物和双向平结饰物展示出来，并且各自交流着编织心得体会。这时有同学提出，在首尾加入缠股线会使结形更加富有变化和设计感。让我们一起来认识缠股线吧！

🪢 结形解析

缠股线是编织中国结时经常运用的方法之一。它可以让线材看上去更加有质感，从而使整个结体更加典雅、大方，在编织绳结作品时具有装饰、连接、遮蔽等作用。

🪢 学习目标

1. 能够掌握缠股线的方法与要点。

2.能够在编绳的首尾处加入缠好的股线或在作配饰设计时将缠好的股线与其他结形完美融合。

3.能够制作创意扫尾。

建议学时

2学时。

前期准备

1卷金色三股线、1根红色72号玉线（长度为30cm）、打火机、剪刀、珠针。

编结步骤

1.缠股线的主要流程有哪些？

2.在缠股线的过程中需要注意哪些问题？

（1）准备1根主线（黄线）和1根编织线（蓝线）。将蓝线按照我们需要缠绕的长度折回。

（2）用双手捏住黄线两端，将蓝线与黄线固定。固定好以后，将蓝线围绕手指固定处作360°旋转，用力缠绕。（注意：从前往后缠绕或从后往前缠绕均可。）

编织技法

（3）绕线过程中要不断地用手推紧线圈之间的距离，以保证线圈不松散。

（4）绕线过程中，要不停调整线圈松紧度，均匀用力。

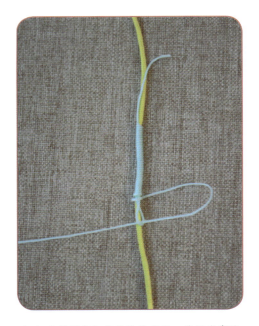

（5）当绕到我们需要的长度时，将绕线穿过一开始折回的线圈中，用手捏紧，同时一起拉紧两端的线头。

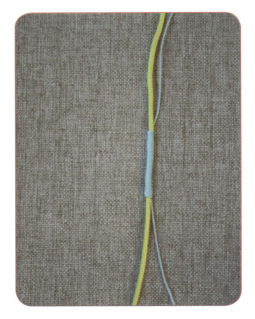

（6）用剪刀将两端线头剪断，再用打火机烧一下线头，即完成作品。（注意：绕线是一个漫长的过程，需要身心放松。双手配合很重要，一起绕线的同时，有一只手要不断地把线圈推紧，让它们之间没有缝隙，这样制作的成品才会有质感。）

成品评价

1. 和小组同学的绳结成品相比,你的作品质量如何?缠线结头有没有松散?
   _____
   _____
   _____

2. 缠股线方法还可以应用在哪些地方?
   _____
   _____
   _____

3. 教师总结评价:
   _____
   _____
   _____

任务评分表			
评分标准	得分	扣分	备注(评分理由)
方法正确(1分)			
结形整齐(1分)			
松紧适中(1分)			
结尾干净(1分)			
配色美观(1分)			
考勤评价(3分)			
客户评价(1分)			
赛项评价(1分)			
总分(10分)			

创意作业

1. 熟练掌握缠股线的方法，用细线进行练习，缠 1 根长约 15cm 的股线。注意保持松紧适中，大小匀称，结形整齐。

2. 请同学们参考下面的图片，制作创意缠线扫帚，寓意扫除一切烦恼，好运即将来临。

3. 请同学们以表格的形式列出作业结形的编织流程和编织过程中的重难点。

任务总结表	
编织流程	
重点	
难点	
工具材料	
用线长度	
学习心得体会	

4. 请同学们根据这节课所学的缠股线方法，在下方画出缠股线步骤的思维导图。同时，设计一款运用缠股线方法制作的绳结作品，并且标明编织材料和写出设计说明。

• 编织材料

_____
_____
_____

• 设计说明

_____
_____
_____

• 思维导图

编织技法

学习任务四　绕线圈

绕线圈步骤

🐾 任务情景

假如让你给你的外国朋友寄一份最能体现中国特色，展现中华传统文化的礼物，你会选择什么呢？一缕红丝线，交错结龙凤，心似双丝网，中有千千结。粗细相间、色泽明亮、造型多样的绳结凝结着中华民族的智慧。让我们一起带着对世界人民的祝福，编织出一份与众不同的绳结工艺品吧！

🐾 结形解析

绕线圈是编织中国结时常用的方法之一，也是比较难掌握的基础结艺，常用于装饰饰品或连接吊坠接口、手绳结尾等。

🐾 学习目标

1. 能够掌握绕线圈的方法与要点。
2. 能够运用绕线圈方法装饰手链、项链、挂件等。
3. 能够快速完成绕线圈，且绕好的线圈均匀美观，接头处理得当。

建议学时

2学时。

前期准备

3根蓝色系72号玉线（长度均为50cm）、1根3股金线（长度为30cm）、打火机、剪刀、木筷、钳子。

编结步骤

1.绕线圈的主要流程有哪些？

_____

2.绕线圈时最容易出现什么问题？

_____

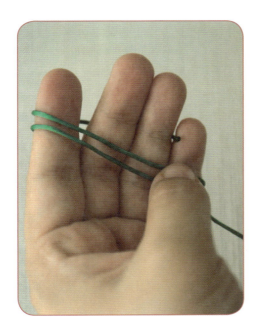

（1）首先将主线打1个圈，用手捏紧，主线越粗，绕出的线圈越大，反之越小，视所需定主线。主线颜色最好与想要的线圈颜色一致，如果实在找不到一样的颜色，可选择浅色的线。

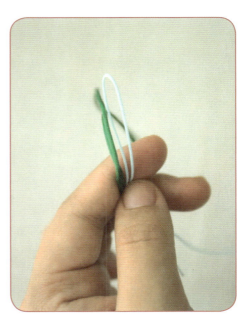

（2）将绕线的一端折回一段距离，和线圈双线处合并在一起准备绕线。

编织技法

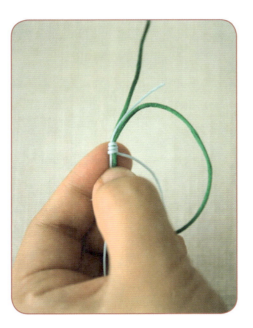

（3）开始往折回线圈的方向绕线，注意绕的过程中要用手不断推紧线圈之间的距离，此时双手需互相配合，始终保持线圈不松散。

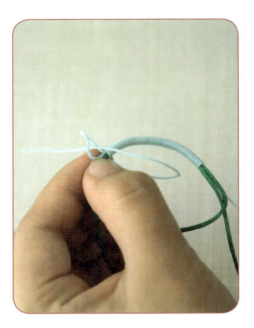

（4）绕到需要的长度时（约2cm），将绕线从折回的线圈里拉出，同时拉紧左、右两端的线头，剪断多余的线头。

（5）收线圈。（注意：此处可用辅助工具木筷，将线圈套上去以后拉紧，这样不容易变形。在拉的过程中用力不方便，可以用钳子抽拉木筷两边的主线，慢慢调整。）

（6）剪短多余的线头，用打火机烫主线线头。（注意：为了方便大家学习，视频中采用的绕线是玉线，比较难成型。我们制作线圈的时候通常都采用较细的股线。）

成品评价

1. 和小组同学的线圈成品相比,你的作品质量如何?颜色搭配和综合材料的应用有没有做到创新?

   _____
   _____
   _____

2. 绕线圈方法还可以应用在哪些地方?

   _____
   _____
   _____

3. 教师总结评价:

   _____
   _____
   _____

任务评分表			
评分标准	得分	扣分	备注(评分理由)
方法正确(1分)			
结形整齐(1分)			
松紧适中(1分)			
结尾干净(1分)			
配色美观(1分)			
考勤评价(3分)			
客户评价(1分)			
赛项评价(1分)			
总分(10分)			

创意作业

1. 请同学们参考下面的图片,以线圈为饰品点缀物,设计一款融合中华传统文化元素的手绳。

2. 请同学们以表格的形式列出作业结形的编织流程和编织过程中的重难点。

任务总结表	
编织流程	
重点	
难点	
工具材料	
用线长度	
学习心得体会	

3. 请同学们画出设计图,并且标明编织材料,写出设计说明。

编织材料

_____
_____
_____

设计说明

_____
_____
_____

设计图

学习任务五　双钱结编织

编织技法

双钱结编织步骤

🌀 任务情景

同学们知道在中国古代有哪个中国结是因两个古铜钱状结形相连而得名的吗？古钱币与国家的历史、文化、政治、经济有密切关系，古今中外都被视为宝物。与此同时，中国古时的民众并未完全将钱币当作交换货物的产物，而是赋予它一定的文化属性。这可从许多古钱币上铸有的吉祥文字及图案上看出。钱币在中国不仅代表某种货币的价值，还是寓意吉庆祥瑞的宝物。古时钱又称为泉，与"全"同间，寓意"双全"。请以古钱币为编织元素，制作一件双钱结织品。

🌀 结形解析

双钱结又称"金钱结"或"双金线结"，因两个古铜钱状结形相连而得名。中国结的基础结，都是从双钱结延伸而来的，比如纽扣结、菠萝结等。双钱结寓意好事成双，常用于制作装饰品、手绳、项链等。

学习目标

1. 能够掌握双钱结的编织方法与要点。
2. 能够运用双钱结编织手链、项链、挂件等。
3. 能够运用材质、造型、色彩等方面的知识，对编织的结进行装饰与美化。

建议学时

2学时。

前期准备

2根橙色系72号玉线2根（长度均为30cm）、1卷流苏线、1件配饰、打火机、剪刀、珠针。

编结步骤

1. 编织双钱结的主要流程有哪些？

2. 编织双钱结时最容易出现什么问题？

（1）由长线头的一端，从右向左逆时针旋转做一个线圈。

（2）再从右向左逆时针做1个线圈压在第1个线圈上面，形成一对兔耳的形状。

编织技法

（3）折出2个线圈以后，形成了3个不规则线圈，拿起最左边的线头从右向左依次穿过3个线圈。

（4）按照从右向左压一挑二、压三挑四的方法穿过最右边的线段。

（5）注意不要穿错和穿漏，最后的线头往最左边的线头下面穿过。

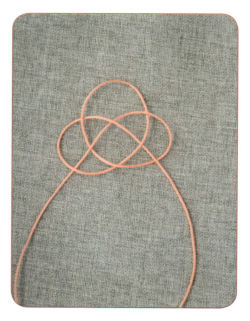

（6）注意双钱结有3个环：左环、右环和中环。

成品评价

1. 和小组同学的绳结成品相比,你的作品质量如何?颜色搭配和综合材料的应用有没有做到创新?

_____
_____
_____

2. 双钱结还可以应用在哪些地方?

_____
_____
_____

3. 教师总结评价:

_____
_____
_____

任务评分表			
评分标准	得分	扣分	备注(评分理由)
方法正确(1分)			
结形整齐(1分)			
松紧适中(1分)			
结尾干净(1分)			
配色美观(1分)			
考勤评价(3分)			
客户评价(1分)			
赛项评价(1分)			
总分(10分)			

创意作业

1. 请同学们参考下面的图片，结合缠股线技法，制作一件双钱结流苏挂件。（注意：编织时还可融入已学过的其他编织方法。）

2. 请同学们以表格的形式列出作业结形的编织流程和编织过程中的重难点。

任务总结表	
编织流程	
重点	
难点	
工具材料	
用线长度	
学习心得体会	

3. 请同学们画出设计图，并且标明编织材料，写出设计说明。

• 编织材料

_____

_____

_____

• 设计说明

_____

_____

_____

• 设计图

学习任务六　菠萝结编织

编织技法

菠萝结编织步骤

🪢 任务情景

菠萝结由一个双线双钱结推拉而成，常用于装饰项链和手绳。菠萝结有四边形和六边形两种形态。某幼儿园需要定制一批关于水果知识的教具，帮助学生认识生活中各式各样的水果。请同学们充分发挥想象力，编织一款水果状饰物。

🪢 结形解析

菠萝结是由双钱结延伸变化而来的，因形似菠萝而得名，寓意财源广进、兴旺常来，常用于装饰手链、项链。

🪢 学习目标

1. 能够掌握菠萝结的编织方法与要点。
2. 能够运用菠萝结装饰手链、项链、挂件等。
3. 能够运用材质、造型、色彩等方面的知识，对编织的结进行装饰与美化。

建议学时

2学时。

前期准备

2根蓝色系72号玉线（长度均为30cm）、淡蓝色7号中国结线（长度为30cm）、1根白色流苏线（长度为30cm）、4颗白色圆珠、1件球状配件、打火机、剪刀、珠针。

编结步骤

1. 编织菠萝结的主要流程有哪些？

2. 编织菠萝结时最容易出现什么问题？

（1）将线圈从右往左逆时针做1个圈，短线头在左边，长线头在右边，这样可保证编织线够用。

（2）将右边长线头从右向左逆时针旋转再做1个线圈压在第1个线圈上面，将2个线圈交错在一起，形成3个环：左环、中环和右环。

编织技法

（3）将右边长线头自右环起从上往下穿，压一挑二压三挑四，交错编织。

（4）从右环穿过中环和左环，编织过程中注意压住之前形成的2个线圈，不要把线弄散。

（5）前面4个步骤是制作双钱结的方法。菠萝结是双钱结的延伸结，此时应逆时针摆正双钱结。

（6）将长线头自最左边的环起从前往后穿过，编织线路是沿着之前的线段走向，单线穿成双线，先形成第4个环。

（7）此时绳结形似花朵状，将线头沿着线的走向从左向右走出双线花朵。

（8）这是走完最左边的左环的效果。我们可以看到花朵的一瓣变成了双线，继续沿着线的走向上下交错编织。

（9）继续沿着线的走向穿线，注意穿线过程中不要把花朵弄散了，尽量保持每片花瓣大小一致。

（10）拿一支笔，把菠萝结放到笔杆中间，开始收线。菠萝结的收线是一个难点，要尽量保持线条均匀、美观。

编织技法

（11）收紧以后所有线段都有序地交错在一起，形似一个中心有孔的圆球。制作前需根据所需菠萝结的尺寸选取收线工具。

（12）编好菠萝结后把多余的线头剪断，用打火机烫一下线头。

成品评价

1. 和小组同学的绳结成品相比,你的作品质量如何?颜色搭配和综合材料的应用有没有做到创新?

_____
_____
_____

2. 菠萝结还可以应用在哪些地方?

_____
_____
_____

3. 教师总结评价:

_____
_____

任务评分表			
评分标准	得分	扣分	备注(评分理由)
方法正确(1分)			
结形整齐(1分)			
松紧适中(1分)			
结尾干净(1分)			
配色美观(1分)			
考勤评价(3分)			
客户评价(1分)			
赛项评价(1分)			
总分(10分)			

创意作业

1. 请同学们参考下面的图片，设计一款以菠萝结为装饰物的手绳或项链。

2. 请同学们以表格的形式列出作业结形的编织流程和编织过程中的重难点。

任务总结表	
编织流程	
重点	
难点	
工具材料	
用线长度	
学习心得体会	

3. 请同学们画出设计图，并且标明编织材料，写出设计说明。

- **编织材料**

_____
_____
_____

- **设计说明**

_____
_____
_____

- **设计图**

学习任务七　蛇结编织

编织技法

蛇结编织步骤

🫘 任务情景

今天，一位客户带来了一颗平安扣。客户提出，平安扣的尺寸太小，用来做项链并不合适。临近春节，干脆做一条平安扣手绳。请同学们试着设计一下吧！

🫘 结形解析

蛇结是中国结的基本结形之一，结形为椭圆形，形似蛇腹，寓意金玉满堂、平安吉祥，常用于制作项链带子。编织时需用2根绳，长度根据所编饰物确定。蛇结编织步骤简单易操作，它既可以作为主要结形编织，也可以和其他结形进行搭配。编织时双手用力要均匀，对称拉紧线绳，使结形紧凑。注意要尽量保持用力一致，避免出现绳结松弛的问题。

🫘 学习目标

1. 能够掌握蛇结的编织方法与要点。

2. 能够运用蛇结编织耳饰、项链、挂件等。
3. 能够运用材质、造型、色彩等方面的知识，对编织的结进行装饰与美化。

建议学时

2学时。

前期准备

2根红色7号中国结线（长度均为30cm）、1根金色三股线（长度为20cm）、1根绿色流苏线（长度为20cm）、1颗平安扣、2颗圆珠、打火机、剪刀、珠针。

编结步骤

1. 编织蛇结的主要流程有哪些？

2. 编织蛇结时最容易出现什么问题？

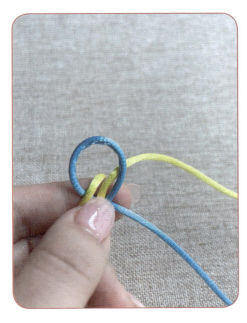

（1）取2根线，将蓝线从右向左逆时针旋转做1个蓝线圈。再将黄线绕左手中指从下往上穿过线圈。注意，此时保持线圈中的2截黄色线段平行放置。

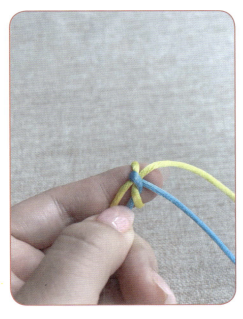

（2）收紧蓝线，收紧的过程中注意要用食指和大拇指持续按住绳结。

编织技法

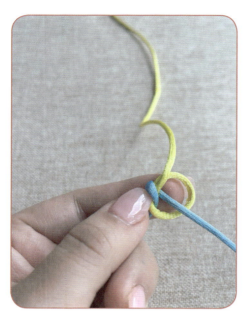

（3）将套在食指上的蓝线圈拿出，同时收紧黄线。

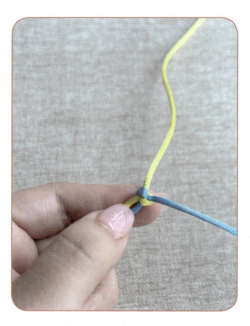

（4）用左手大拇指和食指按住短线头，用右手拉紧蓝线和黄线，第1个蛇结就完成了。

（5）重复之前的步骤往下编织。注意编织蛇结时要不断地拉紧线圈，结与结之间不要留有间隙，保持美观。

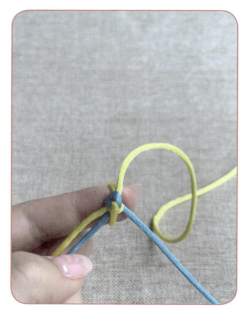

（6）继续收紧蓝线。

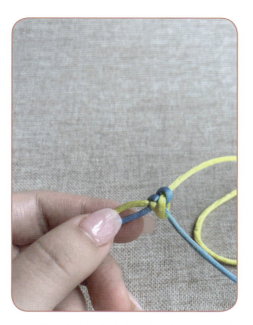

（7）将套在食指中的蓝线圈拿出，继续收紧黄线。

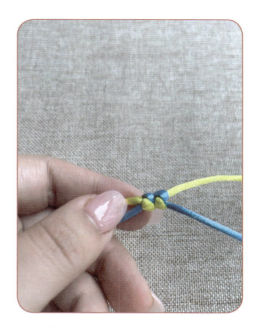

（8）第2个蛇结完成。

（9）编织过程中不要翻转线，要顺着一个方向编织，这样编织出来的蛇结会形成像蛇腹一样的交错状花纹。

成品评价

1. 和小组同学的绳结成品相比，你的作品质量如何？颜色搭配和综合材料的应用有没有做到创新？

   _____
   _____
   _____

2. 蛇结还可以应用在哪些地方？

   _____
   _____
   _____

3. 教师总结评价：

   _____
   _____
   _____

任务评分表			
评分标准	得分	扣分	备注（评分理由）
方法正确（1分）			
结形整齐（1分）			
松紧适中（1分）			
结尾干净（1分）			
配色美观（1分）			
考勤评价（3分）			
客户评价（1分）			
赛项评价（1分）			
总分（10分）			

创意作业

1. 蛇结不仅可以用于编织手绳，还可以用于编织钥匙链、手机链。请同学们参考下面的图片，设计一款寓意吉祥喜庆的蛇结挂件。

2. 请同学们以表格的形式列出作业结形的编织流程和编织过程中的重难点。

任务总结表	
编织流程	
重点	
难点	
工具材料	
用线长度	
学习心得体会	

3. 请同学们画出设计图,并且标明编织材料,写出设计说明。

- 编织材料

_____
_____
_____

- 设计说明

_____
_____
_____

- 设计图

学习任务八　金刚结编织

金刚结编织步骤

🔸 任务情景

金刚结是护身符的象征，代表着正义的力量。客户提出，希望制定一款寓意平安的手绳。请同学们充分发挥想象力，设计一款融合金刚结和其他结形的手绳。

🔸 结形解析

金刚结是中国基础传统结之一。金刚结的编法和蛇结的编法非常相似，蛇结会被拉长，而金刚结非常结实，结形偏圆形。金刚结寓意心想事成、吉祥如意、平安健康，常用于制作项链、手绳。

🔸 学习目标

1. 能够掌握金刚结的编织方法与要点。
2. 能够将金刚结与珠宝配饰相结合，编织手绳、项链、挂件等。

3.能够运用材质、造型、色彩等方面的知识，对编织的结进行装饰与美化。

建议学时

2学时。

前期准备

蓝线和白色72号玉线各1根（长度均为50cm）、金色线1根、打火机、剪刀。

编结步骤

1.编织金刚结的主要流程有哪些？

_____

2.编织金刚结时容易出现什么问题？

_____

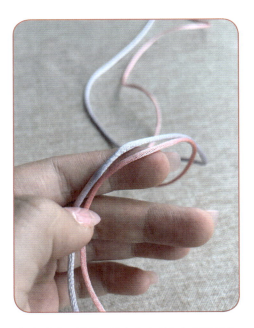

（1）准备2根线，用左手食指和大拇指捏住短线头并保持2根线处于平行状态，将长线部分作为编织线，辅以右手配合编织。

（2）将下方粉线逆时针旋转做1个线圈，此时紫线穿过线圈。注意用大拇指和食指固定好线，不要随意翻转。

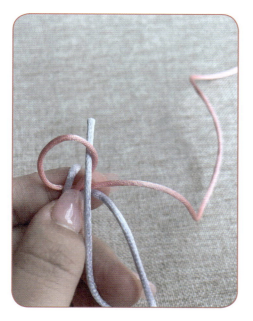

（3）将上方紫线绕食指一圈，从前往后穿过粉色线圈，注意穿过的线和绕在食指上的粉线平行，不要交叉。

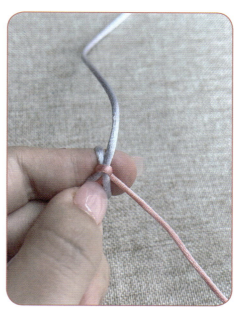

（4）收紧下方粉色线圈，注意不要松开和挪动食指，用大拇指和食指协调配合收线。

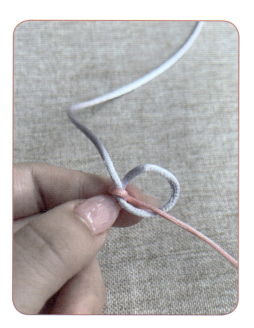

（5）取出套在食指上的紫色线圈，注意要始终保留1个线圈不收线，将紫色线圈从后往前翻转180°。

（6）此时紫色线圈在左手食指正上方，将粉线从前往后绕食指一圈，重复步骤（2）。

编织技法

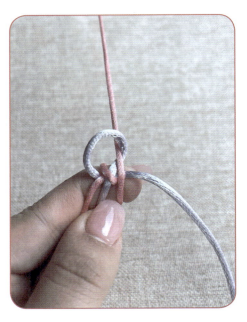

（7）将粉线从前往后绕食指穿过紫色线圈，注意穿过的线和绕在食指上的粉线平行，不要交叉。

（8）收紧紫色线圈。

（9）取出套在食指上的粉色线圈，注意要保留1个线圈不收线，将粉色线圈从后往前翻转180°。

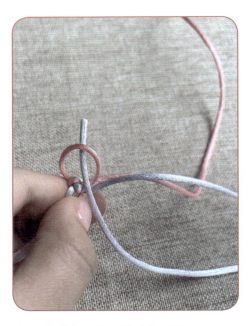

（10）将紫线从前往后绕食指一圈。

（11）再次收紧粉色线圈，并将紫色线圈从食指中拿出来。同时，重复之前的编织步骤。

（12）成品展示。（注意：金刚结编织过程中要注意收紧线圈。金刚结的形状比较圆且结很紧致，结和结之间没有空隙；而蛇结的形状比较扁，结和结之间有一定的松弛度和间隙。）

成品评价

1. 和小组同学的绳结成品相比，你的作品质量如何？颜色搭配和综合材料的应用有没有做到创新？

   _____
   _____

2. 金刚结还可以应用在哪些地方？

   _____
   _____

3. 教师总结评价：

   _____
   _____

任务评分表			
评分标准	得分	扣分	备注（评分理由）
方法正确（1分）			
结形整齐（1分）			
松紧适中（1分）			
结尾干净（1分）			
配色美观（1分）			
考勤评价（3分）			
客户评价（1分）			
赛项评价（1分）			
总分（10分）			

创意作业

1. 金刚结不仅可以用于编织手绳，还可以用于编织项链。请同学们参考下面的图片，设计一款金刚结项链。

2. 请同学们以表格的形式列出作业结形的编织流程和编织过程中的重难点。

任务总结表	
编织流程	
重点	
难点	
工具材料	
用线长度	
学习心得体会	

3. 请同学们画出设计图,并且标明编织材料,写出设计说明。

- 编织材料

___

- 设计说明

___

- 设计图

学习任务九　琵琶结编织

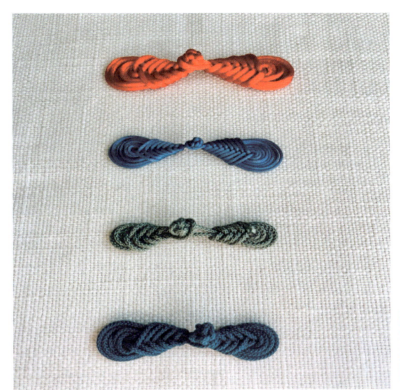

琵琶结编织步骤

任务情景

客户平常喜欢穿中国传统服饰——旗袍，认为旗袍上的盘扣特别有中国特色。现客户准备定制一款可搭配旗袍的绳结项链。请同学们根据客户需求设计一款琵琶结项链。

结形解析

琵琶结是中国结的一种形式，因形似乐器琵琶而得名。古人常用琵琶结来点缀成衣。琵琶结寓意健康长寿、多子多福，常用于制作项链、手绳、挂件、服装配饰等。

学习目标

1. 能够掌握琵琶结的编织方法与要点。

2. 能够将琵琶结与其他结形相结合，编织项链、手绳、配饰等。
3. 能够运用材质、造型、色彩等方面的知识，对编织的结进行装饰与美化。

建议学时

2学时。

前期准备

4根紫色系或蓝色系、绿色系7号中国结线（长度均为50cm）、打火机、剪刀、珠针。

编结步骤

1. 编织琵琶结的主要流程有哪些？

2. 编织琵琶结时容易出现什么问题？

（1）将编织线从右向左逆时针旋转做1个线圈。

（2）由下往上再打1个比第1个线圈大一倍的线圈，形成1个"8"字形线圈。

(3)将右上方紫线自右向左绕小圈旋转360°。

(4)将线拉到前面,注意固定好之前的小线圈。

(5)顺时针再打1个线圈,注意该线圈作为内圈被外线圈包裹,2个线圈间不要留空隙。

(6)将紫线自右向左围绕小线圈旋转360°,从背面往前面拉线,注意这次的绕线要平行于之前的线段。

编织技法

（7）将紫线拉到前面之后，沿着顺时针方向做1个线圈，注意该线圈作为内圈被其他2个外线圈包裹，3个线圈间不要留空隙。

（8）每次绕线时注意保持内线圈和外线圈平行且紧密。

（9）待下方叠加的线圈为最小线圈时，用打火机烫烧绕线的线头，并将线头穿过下方最小线圈的孔洞。

（10）将穿过孔洞的线头从背面拉出，然后将两个线头修剪好，并用打火机烫烧线头。

（11）成品展示。

成品评价

1. 和小组同学的绳结成品相比，你的作品质量如何？颜色搭配和综合材料的应用有没有做到创新？
_____
_____

2. 琵琶结还可以应用在哪些地方？
_____
_____

3. 教师总结评价：
_____
_____

任务评分表			
评分标准	得分	扣分	备注（评分理由）
方法正确（1分）			
结形整齐（1分）			
松紧适中（1分）			
结尾干净（1分）			
配色美观（1分）			
考勤评价（3分）			
客户评价（1分）			
赛项评价（1分）			
总分（10分）			

创意作业

1. 请同学们参考下面的图片,设计一对琵琶结耳饰。

2. 请同学们以表格的形式列出作业结形的编织流程和编织过程中的重难点。

任务总结表	
编织流程	
重点	
难点	
工具材料	
用线长度	
学习心得体会	

3. 请同学们画出设计图，并且标明编织材料，写出设计说明。

- 编织材料

_____
_____
_____

- 设计说明

_____
_____
_____

- 设计图

学习任务十　单线纽扣结编织

编织技法

单线纽扣结编织步骤

🪢 任务情景

客户现有一款设计简洁的耳饰。因项链的颜色过于单一，客户提出想在耳饰中加入中国风元素。纽扣结极具中国风特色，请以纽扣结为中国风元素，尝试装饰这一款耳饰。

🪢 结形解析

单线纽扣结是一种历史悠久的中国传统手工编织工艺品，学名疙瘩扣，曾被叫作旋布扣子。纽扣结的结形似钻石，故又称"钻石结"。纽扣结既可以用于制作纽扣，也可用于装饰其他饰品。而且中国结手链的编织过程中常以纽扣结收尾。纽扣结有单线和双线之分，根据不同的情况进行选用，寓意广结善缘、万事大吉。

🪢 学习目标

1. 能够掌握单线纽扣结的编织方法与要点。
2. 能够将单线纽扣结与其他结形相结合，编织手链、项链、挂件等。
3. 能够运用材质、造型、色彩等方面的知识，对编织的结进行装饰与美化。

建议学时

2学时。

前期准备

2根蓝色系72号玉线（长度均为50cm）、2根金色三股线（长度均为30cm）、2颗平安扣、打火机、剪刀。

编结步骤

1.编织单线纽扣结的主要流程有哪些？
_____

2.编织单线纽扣结时容易出现什么问题？
_____

（1）将线头从右向左逆时针旋转做1个线圈，长线压在短线上面。

（2）将长线头从右向左逆时针旋转再做1个线圈，并将第2个线圈压在第1个线圈之上，形成一对兔耳形状，长线还是压在最上方。

编织技法

（3）此时，两个线圈交叠在一起形成了3个环：左环、中环、右环。将长线头自左环起按照压一挑二压三挑四的规律穿线。

（4）当长线头穿过左环时，即完成了第1个双钱结。单线纽扣结是由双钱结延伸而来的。

（5）接着将长线头拉回右手边，从最靠右的环按照压一挑三的顺序穿过。

（6）将长线头从中间的环拉出。

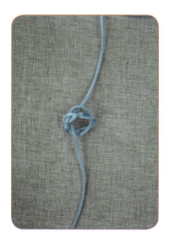

（7）收紧两端的线，注意左、右手配合，边拉左、右两端的线头，边收紧结形，保持结形紧实。收紧完成后，将多余线头修剪并烫烧。

成品评价

1. 和小组同学的绳结成品相比，你的作品质量如何？颜色搭配和综合材料的应用有没有做到创新？
   _____
   _____
   _____

2. 单线纽扣结还可以应用在哪些地方？
   _____
   _____
   _____

3. 教师总结评价：
   _____
   _____

任务评分表			
评分标准	得分	扣分	备注（评分理由）
方法正确（1分）			
结形整齐（1分）			
松紧适中（1分）			
结尾干净（1分）			
配色美观（1分）			
考勤评价（3分）			
客户评价（1分）			
赛项评价（1分）			
总分（10分）			

创意作业

1. 单线纽扣结除了可用于其他结形的头尾处编织，还可以作为一种独立的结形装饰其他饰品。请同学们参考下面的图片，设计一款以单线纽扣结为装饰物的手链。

2. 请同学们以表格的形式列出作业结形的编织流程和编织过程中的重难点。

任务总结表	
编织流程	
重点	
难点	
工具材料	
用线长度	
学习心得体会	

3. 请同学们画出设计图,并且标明编织材料,写出设计说明。

- 编织材料

_____
_____
_____

- 设计说明

_____
_____
_____

- 设计图

学习任务十一　双线纽扣结编织

编织技法

双线纽扣结编织步骤

🐾 任务情景

客户现有一款设计简洁的手绳。因手绳搭配过于单一，客户提出想在手绳中加入中国风元素。请以双线纽扣结为中国风元素，装饰这一款手绳。

🐾 结形解析

双线纽扣结最早出现在中国古代的服饰中，结形似纽扣状，实用性高。在现代结艺中，双线纽扣结不仅用于编织纽扣，也可以搭配珠宝饰品，用于编织手链、耳饰等。

🐾 学习目标

1. 能够掌握双线纽扣结的编织方法与要点。
2. 能够将双线纽扣结与其他结形相结合，编织手链、耳饰、项链等。
3. 能够运用材质、造型、色彩等方面的知识，对编织的结进行装饰与美化。

建议学时

2学时。

前期准备

1根7号中国结线（长度为30cm）、1根淡蓝色流苏线（长度为50cmm）、1根金色三股线（长度为30cm）、2颗圆珠、打火机、剪刀、珠针。

编结步骤

1.编织双线纽扣结的主要流程有哪些？

2.编织双线纽扣结时容易出现什么问题？

（1）先将黄线打结，形成第1个小线圈。

（2）将食指夹在2根线头中间，大拇指放在左边线头上方。将右边线头绕大拇指1圈，此时形成了第2个小线圈，压于左边线头上方。

编织技法

（3）将左边线头从右边线头下方穿到右手边，按照压一挑二的顺序穿过小线圈。

（4）收紧两端线头，保持线圈松紧适宜。

（5）将左边线头从上往下穿过下方结形正中间的孔。

（6）从孔的下方拉出线头，并逐步收紧绳结。

(7)将右边线头顺时针旋转360°绕到结形上方并穿过结形正中间的孔。

(8)拉出线头,将整根线旋转180°,左、右手配合收紧绳结。

(9)修剪多余线头并用打火机烫烧线头,形成双线纽扣结。

成品评价

1. 和小组同学的绳结成品相比，你的作品质量如何？颜色搭配和综合材料的应用有没有做到创新？

_____
_____
_____

2. 双线纽扣结还可以应用在哪些地方？

_____
_____
_____

3. 教师总结评价：

_____
_____
_____

任务评分表			
评分标准	得分	扣分	备注（评分理由）
方法正确（1分）			
结形整齐（1分）			
松紧适中（1分）			
结尾干净（1分）			
配色美观（1分）			
考勤评价（3分）			
客户评价（1分）			
赛项评价（1分）			
总分（10分）			

创意作业

1. 请同学们参考下面的图片,设计一款双线纽扣结盘扣。

2. 请同学们以表格的形式列出作业结形的编织流程和编织过程中的重难点。

任务总结表	
编织流程	
重点	
难点	
工具材料	
用线长度	
学习心得体会	

3. 请同学们画出设计图，并且标明编织材料，写出设计说明。

- 编织材料

_____
_____
_____

- 设计说明

_____
_____
_____

- 设计图

学习任务十二　凤尾结编织

凤尾结编织步骤

🎯 任务情景

客户现需要定制一款大气美观的汽车挂件，尤其是希望挂件尾部呈有质感的流苏状。请运用凤尾结设计一款汽车挂件。

🎯 结形解析

凤尾结因结形似凤凰的尾巴而得名，又名"发财结""八字结"，寓意龙凤呈祥、事业发达、财源滚滚。凤尾结一般用于编织中国结的尾部，起装饰作用，常用于编织手链、项链等。

🎯 学习目标

1. 能够掌握凤尾结的编织方法与要点。
2. 能够将凤尾结与其他结形相结合，编织手链、挂件等。
3. 能够运用材质、造型、色彩等方面的知识，对编织的结进行装饰与美化。

建议学时

2学时。

前期准备

8根各色5号中国结线（长度均为30cm）、打火机、剪刀。

编结步骤

1. 编织凤尾结的主要流程有哪些？

2. 编织凤尾结时容易出现什么问题？

（1）将长线头一端从上往下逆时针旋转做1个线圈。

（2）将压在上方的长线头从上往下穿过线圈。

（3）由上往下慢慢收紧线头。

（4）收紧线头后，将压在上方的线头从线圈的背面往前穿出。

（5）将压在上方的线头从线圈的背面往下穿出。

（6）来回上下编织线圈。

编织技法

（7）在编织到我们需要的长度时将多余的线头剪断。

（8）成品展示。

成品评价

1. 和小组同学的绳结成品相比，你的作品质量如何？颜色搭配和综合材料的应用有没有做到创新？

_____
_____
_____

2. 凤尾结还可以应用在哪些地方？

_____
_____
_____

3. 教师总结评价：

_____
_____
_____

任务评分表			
评分标准	得分	扣分	备注（评分理由）
方法正确（1分）			
结形整齐（1分）			
松紧适中（1分）			
结尾干净（1分）			
配色美观（1分）			
考勤评价（3分）			
客户评价（1分）			
赛项评价（1分）			
总分（10分）			

创意作业

1. 请同学们参考下面的图片，设计一款用凤尾结装饰的手绳。

2. 请同学们以表格的形式列出作业结形的编织流程和编织过程中的重难点。

任务总结表	
编织流程	
重点	
难点	
工具材料	
用线长度	
学习心得体会	

3. 请同学们画出设计图，并且标明编织材料，写出设计说明。

- 编织材料

_____
_____
_____

- 设计说明

_____
_____
_____

- 设计图

学习任务十三　圆形玉米结编织

编织技法

圆形玉米结编织步骤

🪢 任务情景

客户旅游时购买了1颗蜜蜡平安扣，现需要定制一款平安扣手链。请同学们设计一款圆形玉米结手链。

🪢 结形解析

玉米结又称"十字吉祥结"，分为圆形玉米结和方形玉米结两种。如果需要粗一点的手链，还可以做包芯玉米结。玉米结有着节节高升、多子多福、金玉满堂等美好的寓意。

🪢 学习目标

1.能够掌握圆形玉米结的编织方法与要点。

2. 能够将圆形玉米结与其他结形相结合，编织手链、项链等。
3. 能够运用材质、造型、色彩等方面的知识，对编织的结进行装饰与美化。

建议学时

2学时。

前期准备

2根72号玉线（长度均为50cm）、1根金色三股线（长度为30cm）、1颗蜜蜡平安扣、1颗绿松石圆珠、打火机、剪刀、珠针。

编结步骤

1. 编织圆形玉米结的主要流程有哪些？

2. 编织圆形玉米结时容易出现什么问题？

（1）准备2根长50cm的编织线，互相交叉呈十字形，这样就形成了4根编织线。

（2）将最上方的紫线顺时针旋转180°折到右边的黄线上，形成第1个半圆。

编织技法

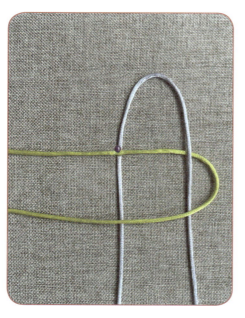

（3）将黄线顺时针旋转180°折到紫线上，形成第2个半圆。

（4）以此类推，将紫线顺时针旋转180°折到黄线上，形成第3个半圆。

（5）将黄线顺时针旋转180°折出第4个半圆，让最上方黄线线头穿过第1个半圆。

（6）慢慢收紧4根编织线。

(7)将4根编织线往4个方向均匀地用力收紧,直至形成"井"字结形。

(8)以此类推,重复前面的7个步骤。

(9)在重复顺时针方向编织的过程中,要随时收紧4根编织线,并且均匀用力,这样编出的结才会紧致、美观。

成品评价

1. 和小组同学的绳结成品相比，你的作品质量如何？颜色搭配和综合材料的应用有没有做到创新？

   _____
   _____
   _____

2. 圆形玉米结还可以应用在哪些地方？

   _____
   _____
   _____

3. 教师总结评价：

   _____
   _____
   _____

任务评分表

评分标准	得分	扣分	备注（评分理由）
方法正确（1分）			
结形整齐（1分）			
松紧适中（1分）			
结尾干净（1分）			
配色美观（1分）			
考勤评价（3分）			
客户评价（1分）			
赛项评价（1分）			
总分（10分）			

创意作业

1. 请同学们参考下面的图片,运用圆形玉米结编织方法,设计一款含有中国风元素的挂件。

2. 请同学们以表格的形式列出作业结形的编织流程和编织过程中的重难点。

任务总结表	
编织流程	
重点	
难点	
工具材料	
用线长度	
学习心得体会	

3. 请同学们画出设计图,并且标明编织材料,写出设计说明。

• 编织材料

_____
_____
_____

• 设计说明

_____
_____
_____

• 设计图

学习任务十四　方形玉米结编织

方形玉米结编织步骤

任务情景

客户在珠宝市场淘得 1 块蜜蜡如意锁，想定制一款方形玉米结手链。请运用所学编织技法设计一款如意锁手链。

结形解析

玉米结又称"十字吉祥结"，分为圆形玉米结和方形玉米结两种。如果需要粗一点的手绳还可以编织包芯玉米结，玉米结有着节节高升、多子多福、金玉满堂等美好的寓意。方形玉米结的结形图案排列有序、造型美观。方形玉米结常用于制作项链、手链或作为配饰装点其他饰品。

学习目标

1. 能够掌握方形玉米结的编织方法与要点。

2.能够将方形玉米结与其他结形相结合,编织手链、挂件等。

3.能够运用材质、造型、色彩等方面的知识,对编织的结进行装饰与美化。

建议学时

2学时。

前期准备

2根绿色系72号玉线(长度均为50cm)、3根金色三股线(长度均为30cm)、1块蜜蜡如意锁、打火机、剪刀、珠针。

编结步骤

1.编织方形玉米结的主要流程有哪些?

2.编织方形玉米结时容易出现什么问题?

(1)准备2根长50cm的编织线,互相交叉呈十字形,这样就形成了4根编织线。

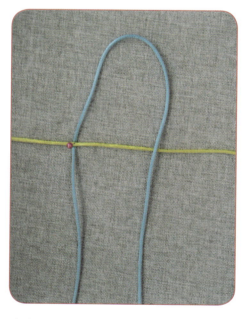

(2)将上方的蓝线顺时针旋转180°折到黄线上,形成第1个半圆。

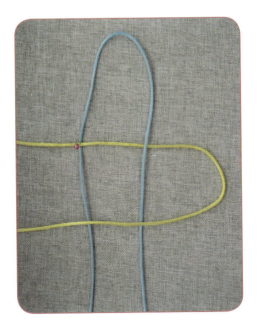

（3）将右边黄线顺时针旋转180°折到蓝线上，形成第2个半圆。

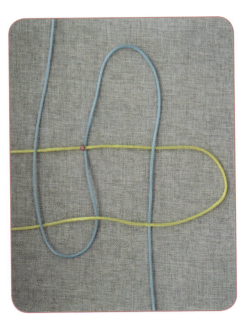

（4）将左边蓝线顺时针旋转180°折到黄线上，形成第3个半圆。

（5）将上方黄线顺时针旋转180°折出第4个半圆，同时将线头穿过第1个半圆。

（6）收紧4根编织线，形成了一个"井"字形结形。

（7）接下来沿着逆时针方向编织，将右边黄线逆时针旋转180°，折到蓝线上形成第1个半圆。

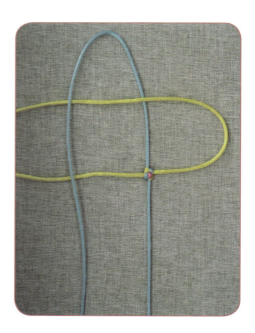

（8）将上方蓝线逆时针旋转180°，折到黄线上，形成第2个半圆。

（9）将第1个"井"字形结形左边的黄线逆时针旋转180°，折到蓝线上，形成第3个半圆。最后将右边蓝线顺时针旋转180°，折出第4个半圆，并将线头穿过第1个半圆。

（10）按照顺时针方向和逆时针方向交替编织，即可形成方形玉米结。注意编织过程中要将4根编织线收紧，每次用力均匀，这样编出的结才会紧致、美观。

成品评价

1. 和小组同学的绳结成品相比,你的作品质量如何?颜色搭配和综合材料的应用有没有做到创新?

_____
_____
_____

2. 方形玉米结还可以应用在哪些地方?

_____
_____
_____

3. 教师总结评价:

_____
_____
_____

任务评分表			
评分标准	得分	扣分	备注(评分理由)
方法正确(1分)			
结形整齐(1分)			
松紧适中(1分)			
结尾干净(1分)			
配色美观(1分)			
考勤评价(3分)			
客户评价(1分)			
赛项评价(1分)			
总分(10分)			

创意作业

1. 请同学们参考下面的图片，设计一款方形玉米结手链。

2. 请同学们以表格的形式列出作业结形的编织流程和编织过程中的重难点。

任务总结表	
编织流程	
重点	
难点	
工具材料	
用线长度	
学习心得体会	

3. 请同学们画出设计图,并且标明编织材料,写出设计说明。

- 编织材料

_____
_____
_____

- 设计说明

_____
_____
_____

- 设计图

学习任务十五　三瓣曼陀罗结编织

编织技法

三瓣曼陀罗结
编织步骤

🪧 任务情景

客户购买了一辆车，想在车内装饰一个挂件。客户要求挂件大气、别致，寓意平安。请设计一款三瓣曼陀罗结汽车挂件。

🪧 结形解析

曼陀罗结源于同心结，因形似曼陀罗花而得名，是中国结的基本结形之一，常用于制作手链饰品或包包挂件，也用于制作钥匙扣挂件。

🪧 学习目标

1. 能够掌握三瓣曼陀罗结的编织方法与要点。

2.能够将三瓣曼陀罗结与其他结形相结合,编织手链、挂件等。

3.能够运用材质、造型、色彩等方面的知识,对编织的结进行装饰与美化。

建议学时

2学时。

前期准备

2根绿色系72号玉线(长度均为50cm)、1卷绿色流苏线、1颗翡翠平安扣、打火机、剪刀、珠针。

编结步骤

1.编织三瓣曼陀罗结的主要流程有哪些?

2.编织三瓣曼陀罗结时容易出现什么问题?

(1)将2根编织线打结固定好,同时将右边的蓝线顺时针旋转360°,绕出第1个线圈。

(2)将蓝色线头从下往上穿过线圈。

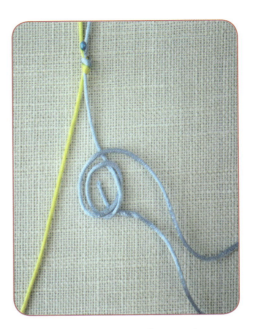

（3）再次将蓝线顺时针旋转360°绕出第2个线圈，将第2个线圈与第1个线圈紧密结合，线与线间不留空隙。此时形成了2个扭在一起的圆环。

（4）将蓝色线头从上往下穿过2个线圈，这样就形成了3个扭在一起的圆环。

（5）将左边的黄线从上往下穿过2个蓝色线圈，形成第1个黄色线圈。此时黄色线圈正好将2个蓝色线圈扣在一起。

（6）将黄色线头从上往下穿过第1个黄色线圈。

（7）调整线圈大小，使黄色线圈与蓝色线圈大小一致。

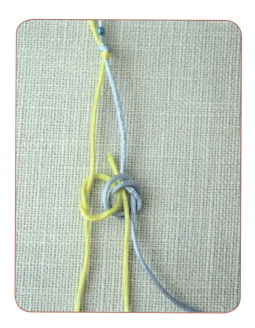

（8）将黄色线头从下往上穿过右边的蓝色线圈，注意不要穿过蓝色线圈与黄色线圈交叉的中间位置。

（9）将黄色线头从上往下穿过2个黄色线圈，注意不要穿过蓝色线圈与黄色线圈交叉的中间位置。

（10）向下拉蓝色线头和黄色线头，收紧已成形的2个三瓣曼陀罗结。

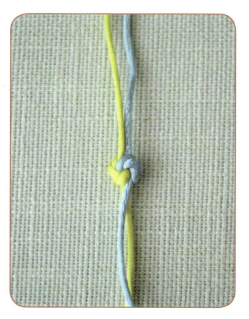 

(11)继续上下拉紧线段,耐心收线,尽量保持蓝色的结形与黄色的结形大小一致。注意线与线之间不要有空隙。

(12)成品展示。

成品评价

1. 和小组同学的绳结成品相比,你的作品质量如何?颜色搭配和综合材料的应用有没有做到创新?

   _____
   _____
   _____

2. 三瓣曼陀罗结还可以应用在哪些地方?

   _____
   _____
   _____

3. 教师总结评价:

   _____
   _____
   _____

任务评分表			
评分标准	得分	扣分	备注(评分理由)
方法正确(1分)			
结形整齐(1分)			
松紧适中(1分)			
结尾干净(1分)			
配色美观(1分)			
考勤评价(3分)			
客户评价(1分)			
赛项评价(1分)			
总分(10分)			

创意作业

1. 请同学们参考下面的图片，设计一款三瓣曼陀罗结手链。

2. 请同学们以表格的形式列出作业结形的编织流程和编织过程中的重难点。

任务总结表	
编织流程	
重点	
难点	
工具材料	
用线长度	
学习心得体会	

3. 请同学们画出设计图，并且标明编织材料，写出设计说明。

• 编织材料

_____
_____
_____

• 设计说明

_____
_____
_____

• 设计图

学习任务十六　四瓣曼陀罗结编织

四瓣曼陀罗结
编织步骤

🔖 任务情景

客户对定制的三瓣曼陀罗结挂件非常满意，询问是否可定制曼陀罗结手绳。请设计一款四瓣曼陀罗结手绳，编织过程中可融入其他结形技法。

🔖 结形解析

曼陀罗结源于同心结，因形似曼陀罗花而得名，是中国结的基本结形之一，常用于制作手链饰品、包包挂件，也用于制作钥匙扣挂件。四瓣曼陀罗结的结构看上去很复杂，但是编织起来并不难。其编织要点是收线时一定要均匀发力，保持每条线均匀排列，不重叠。

🔖 学习目标

1. 能够掌握四瓣曼陀罗结的编织方法与要点。
2. 能够将四瓣曼陀罗结与其他结形相结合，编织手链、挂件等。
3. 能够运用材质、造型、色彩等方面的知识，对编织的结进行装饰与美化。

建议学时

2学时。

前期准备

2根黄色系72号玉线（长度均为50cm）、粉色系玉线、紫色和蓝色流苏线、1根金色线、打火机、剪刀。

编结步骤

1. 编织四瓣曼陀罗结的主要流程有哪些？

2. 编织四瓣曼陀罗结时容易出现什么问题？

（1）将2段编织线打结固定好，同时将右边的紫线顺时针旋转360°绕出第1个线圈。

（2）将紫色线头从下往上穿过线圈。

（3）拉出紫色线头，形成第1个线圈。

（4）将紫色线头从下往上穿过紫色线圈。

（5）拉出紫色线头，形成第2个线圈，与第1个线圈平行。

（6）再次将紫色线头从下往上穿出线圈。

（7）调整后可以看到紫色线圈形成了4截扭在一起的线段。

（8）将黄线从上往下穿过2个紫色线圈，形成第1个黄色线圈。

（9）将黄色线头从上往下穿过黄色线圈。

（10）拉出黄色线头，形成第1个黄色线圈。

（11）将黄色线头从前往后穿过黄色线圈和紫色线圈交叉部分。

（12）拉出黄色线头。

（13）将黄色线头从上往下穿过2个黄色线圈。

（14）拉出黄色线头，此时左环和右环均为双圆环状。

（15）调整并收紧编织线，完成编织。

成品评价

1. 和小组同学的绳结成品相比，你的作品质量如何？颜色搭配和综合材料的应用有没有做到创新？

   _____
   _____
   _____

2. 四瓣曼陀罗结还可以应用在哪些地方？

   _____
   _____
   _____

3. 教师总结评价：

   _____
   _____
   _____

任务评分表			
评分标准	得分	扣分	备注（评分理由）
方法正确（1分）			
结形整齐（1分）			
松紧适中（1分）			
结尾干净（1分）			
配色美观（1分）			
考勤评价（3分）			
客户评价（1分）			
赛项评价（1分）			
总分（10分）			

创意作业

1. 请同学们参考下面的图片，设计一款四瓣曼陀罗结手绳，配色、配件不限。

2. 请同学们以表格的形式列出作业结形的编织流程和编织过程中的重难点。

任务总结表	
编织流程	
重点	
难点	
工具材料	
用线长度	
学习心得体会	

3. 请同学们画出设计图，并且标明编织材料，写出设计说明。

- 编织材料

_____
_____
_____

- 设计说明

_____
_____
_____

- 设计图

编织技法

学习任务十七　流苏编织

流苏编织步骤

🐚 任务情景

客户需要定制一款流苏挂件，用来装饰汽车、背包等。请按照客户要求，结合其他结形编织技法，编织一款流苏挂件。

🐚 结形解析

流苏又称"穗子"，是一种下垂的、以五彩羽毛或丝绒线等扎成的、如禾穗状的饰物。流苏除了用于装饰步摇，也可挂于窗帘四角或玉佩、扇子手柄上。流苏随风飘摇荡漾，传递着古雅与婉约的韵味。

🐚 学习目标

1.能够掌握流苏的编织方法与要点。

2.能够将流苏与其他结形相结合，编织流苏挂件、耳饰等。
3.能够运用材质、造型、色彩等方面的知识，对编织的流苏挂件进行装饰与美化。

 建议学时

2学时。

 前期准备

2根黄色72号玉线（长度均为50cm）、1卷黄色流苏线、1颗翡翠圆珠、1根金色流苏线、打火机、剪刀、编盘器。

编结步骤

1.编织流苏的主要流程有哪些？

2.编织流苏时容易出现什么问题？

（1）准备1个编盘器。

（2）把流苏线卡在编盘器的两端，开始绕线。

编织技法

（3）注意绕的过程中保持线不凌乱，绕的圈数多流苏就宽厚一点，圈数少就细瘦一些。

（4）将流苏绕到我们需要的宽度（绕300圈左右）后，剪一截相同颜色的流苏线。

（5）将剪好的同色流苏线从绕好的一捆流苏线束中间穿过并打结。

（6）翻到编盘器背面，用剪刀沿着流苏线的中间剪断。

（7）剪断后将线取出，此时流苏线看上去比较凌乱。

（8）将凌乱的流苏线进行梳理。

（9）将绑线的一头梳理整齐，用左手大拇指和食指固定好绑线的一头。剪取相同颜色的流苏线围绕绑线的一头开始绕线，绕线与线头相距1cm左右

（10）将绕线打结。

编织技法

(11) 绕好线以后,可以用小梳子再次梳顺流苏,用剪刀把流苏尾端剪整齐。

(12) 成品展示。

成品评价

1. 和小组同学的绳结成品相比，你的作品质量如何？颜色搭配和综合材料的应用有没有做到创新？

_____
_____
_____

2. 流苏还可以应用在哪些地方？

_____
_____
_____

3. 教师总结评价：

_____
_____
_____

任务评分表			
评分标准	得分	扣分	备注（评分理由）
方法正确（1分）			
结形整齐（1分）			
松紧适中（1分）			
结尾干净（1分）			
配色美观（1分）			
考勤评价（3分）			
客户评价（1分）			
赛项评价（1分）			
总分（10分）			

创意作业

1. 请同学们参考下面的图片，设计一款别致新颖的流苏挂件。

2. 请同学们以表格的形式列出作业结形的编织流程和编织过程中的重难点。

任务总结表	
编织流程	
重点	
难点	
工具材料	
用线长度	
学习心得体会	

3. 请同学们画出设计图，并且标明编织材料，写出设计说明。

- 编织材料

_____
_____
_____

- 设计说明

_____
_____
_____

- 设计图

学习任务十八　吉祥结编织

编织技法

吉祥结编织步骤

🪢 任务情景

年关将至，寓意平安吉祥的中国红饰物需求量大增。客户想定制一批吉祥结饰物。请设计一款吧！

🪢 结形解析

吉祥结是古老的手工编织工艺品，由十字结衍生而来。它常出现于中国僧人的服装及庙堂的饰物上，是一个古老而又被视为吉祥的结式，因此得名"吉祥结"。吉祥结可与其他结形相结合，用于制作各种挂件等，寓意吉祥如意、吉祥平安、吉祥安康，是中国结中比较受欢迎的结形。

学习目标

1. 能够掌握吉祥结的编织方法与要点。
2. 能够将吉祥结与其他结形相结合，编织挂件等。
3. 能够运用材质、造型、色彩等方面的知识，对编织的结进行装饰与美化。

建议学时

2学时。

前期准备

2根红色72号玉线（长度均为50cm）、1卷红色流苏线、蜜蜡莲蓬配件、1根金色三股线（长度为15cm）、打火机、剪刀、珠针。

编结步骤

1. 编织吉祥结的主要流程有哪些？

_____

2. 编织吉祥结时容易出现什么问题？

_____

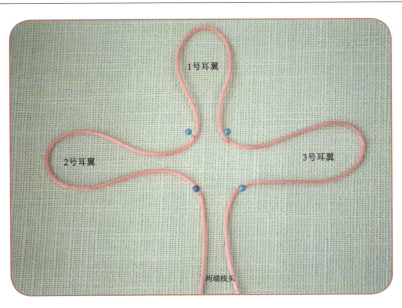

（1）准备1根编织线，对折固定。上部、左部、右部各拉出1个耳翼，共折出3个耳翼，形成类似花朵的造型。

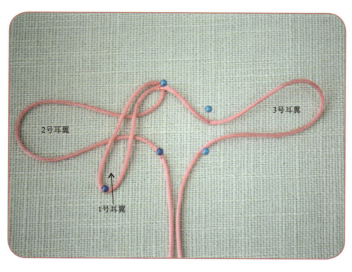

（2）将最上方1号耳翼沿着逆时针方向，从上往下折到左边的2号耳翼上。

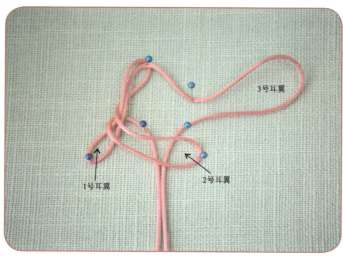

（3）将左边的2号耳翼压到两端线头方向上。

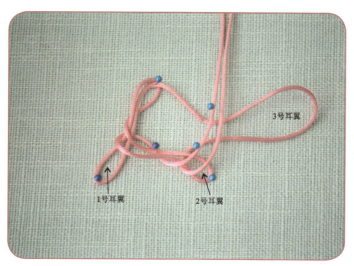

（4）继续将下方的两端线头沿着逆时针方向折到3号耳翼上。

（5）将3号耳翼穿过1号耳翼折出的孔中。

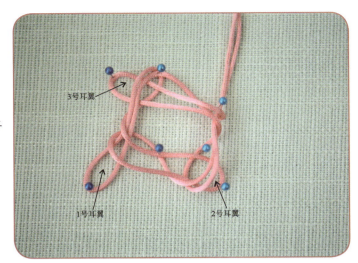

（6）用力均匀收紧"井"字形4个方向的线。

（7）收紧后形成了紧致的双线"井"字形编织线，同时形成了3个新的耳翼，分别标注为4号耳翼、5号耳翼、6号耳翼。

(8)沿着顺时针方向编织,将右上方的两端线头折到6号耳翼上。

(9)沿着顺时针方向将6号耳翼折到5号耳翼上。

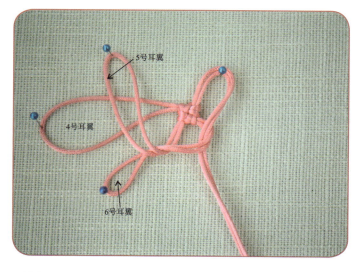

(10)将5号耳翼折到4号耳翼上,注意将前面的编织线固定好,不要弄散。

(11）将4号耳翼穿过两端线头压下时形成的孔中，这时正中间形成了"井"字形编织线。

(12）从4个方向均匀地用力收紧编织线，此时"井"字形编织线周围形成了4个小耳翼，外围形成了3个大耳翼。

(13）收的过程中注意调整好3个大耳翼和4个小耳翼的比例关系。

编织技法

（14）这是收好两个小耳翼的效果，但是大耳翼大小还没有调整好，需要继续收线。

（15）收线过程中务必做到耐心细致。这是收好的整体效果。

（16）成品展示。

成品评价

1. 和小组同学的绳结成品相比,你的作品质量如何?颜色搭配和综合材料的应用有没有做到创新?

   _____
   _____
   _____

2. 吉祥结可以应用在哪些地方?

   _____
   _____
   _____

3. 教师总结评价:

   _____
   _____
   _____

任务评分表			
评分标准	得分	扣分	备注(评分理由)
方法正确(1分)			
结形整齐(1分)			
松紧适中(1分)			
结尾干净(1分)			
配色美观(1分)			
考勤评价(3分)			
客户评价(1分)			
赛项评价(1分)			
总分(10分)			

创意作业

1. 请同学们参考下面的图片,结合其他结形,设计一款吉祥结饰物。

2. 请同学们以表格的形式列出作业结形的编织流程和编织过程中的重难点。

任务总结表	
编织流程	
重点	
难点	
工具材料	
用线长度	
学习心得体会	

3. 请同学们画出设计图，并且标明编织材料，写出设计说明。

编织材料

_____

_____

设计说明

_____

_____

_____

设计图

学习任务十九　猴拳结编织

编织技法

猴拳结编织步骤

🐵 任务情景

钥匙扣是生活中的必需品。客户需要定制一款简洁实用的钥匙扣。请运用猴拳结编织技法设计一款样式简洁的钥匙扣。

🐵 结形解析

猴拳结因形似猴子的拳头而得名，可用于制作挂饰、耳饰等。用不同粗细的编织线和不同大小的圆珠编织的猴拳结各有特色。

🐵 学习目标

1. 能够掌握猴拳结的编织方法与要点。
2. 能够将猴拳结与其他结形相结合，编织挂件等。
3. 能够运用材质、造型、色彩等方面的知识，对编织的结进行装饰与美化。

 建议学时

2学时。

 前期准备

1根蓝色7号中国结线（长度为60cm）、1颗玻璃珠、打火机、剪刀。

编结步骤

1. 编织猴拳结的主要流程有哪些？

_____

2. 编织猴拳结时容易出现什么问题？

_____

（1）准备1根长60cm的编织线和1颗玻璃珠。

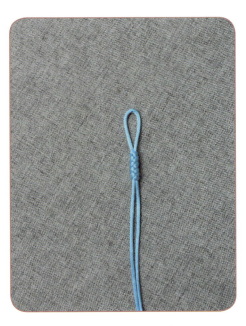

（2）对折编织线，右边编织的线可以稍微留长一点，然后编6个金刚结。

编织技法

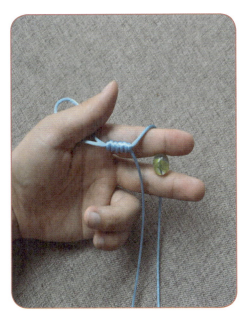

（3）将玻璃珠夹在左手食指和中指中间，大拇指固定上方线头。

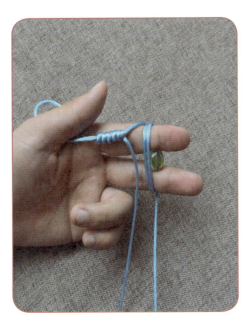

（4）用右手将右上方的编织线围着中指和食指绕圈。

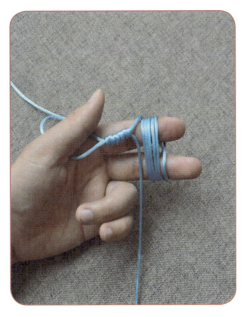

（5）绕5圈，注意所绕线圈不要叠加，保持平行。

（6）在绕至第5圈时，将线从食指和中指之间的空隙处穿过，紧贴圆珠，从背面拉向正面。

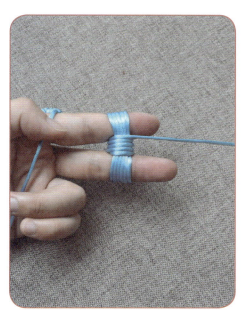

(7)继续在水平方向上绕4圈。在从前往后绕时,注意不要叠加线段,用力均匀。

(8)绕好后将线圈从指头上取下来,此时形成了1个"8"字形线圈。用左边编织线按上压下挑的方式围绕中间的圆珠绕5圈。

(9)绕好后开始收线,注意要从金刚结的线头处慢慢地一根一根地收,不能生拉硬拽。

(10)收好线后把多余的线头剪掉并用打火机烫烧线头,再将线头藏到球里。

成品评价

1. 和小组同学的绳结成品相比，你的作品质量如何？颜色搭配和综合材料的应用有没有做到创新？

   _____
   _____
   _____

2. 猴拳结还可以应用在哪些地方？

   _____
   _____
   _____

3. 教师总结评价：

   _____
   _____
   _____

任务评分表			
评分标准	得分	扣分	备注（评分理由）
方法正确（1分）			
结形整齐（1分）			
松紧适中（1分）			
结尾干净（1分）			
配色美观（1分）			
考勤评价（3分）			
客户评价（1分）			
赛项评价（1分）			
总分（10分）			

创意作业

1. 猴拳结的内芯也可以用纽扣结替代。请同学们参考下面的图片，设计一款充满童趣的猴拳结挂件。

2. 请同学们以表格的形式列出作业结形的编织流程和编织过程中的重难点。

任务总结表	
编织流程	
重点	
难点	
工具材料	
用线长度	
学习心得体会	

3. 请同学们画出设计图，并且标明编织材料，写出设计说明。

- 编织材料

_____
_____
_____

- 设计说明

_____
_____
_____

- 设计图

学习任务二十　右斜卷结编织

右斜卷结编织步骤

🦉 任务情景

客户想为自己的连衣裙配一枚胸针，现准备定制一款手工编织胸针。请运用斜卷结编织技法为客户设计一款颜色搭配得当的胸针。

🦉 结形解析

在花样绳编中，斜卷结是用得最多的结，结形简单，组合形式灵活多变，可以创造出各种各样的图案。一般斜卷结分为左斜卷结和右斜卷结，由绕线和轴线组成。右斜卷结的编法是右手拿轴线，左手拿绕线，绕线往右边绕。斜卷结可以根据需求来进行变化，如方向的变化、配饰的变化，可用于制作手链和项链等。

🦉 学习目标

1. 能够掌握右斜卷结的编织方法与要点。
2. 能够将右斜卷结与其他结形相结合，编织手链、项链等。
3. 能够运用材质、造型、色彩等方面的知识，对编织的结进行装饰与美化。

建议学时

2学时。

前期准备

1根紫色5号中国结线（长度为30cm）、1根粉色5号中国结线（长度为30cm）、打火机、剪刀、珠针。

编结步骤

1. 编织右斜卷结的主要流程有哪些？

___

2. 编织右斜卷结时容易出现什么问题？

___

（1）准备4根线并固定好。为了方便大家学习，本书选用了细一点的7号中国结线（黄线）作为绕线和粗一点的5号中国结线（粉线）作为轴线。

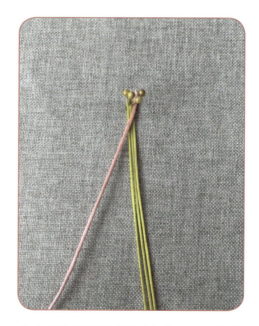

（2）将最右边的粉线拉到左边，压在3根黄线上方。

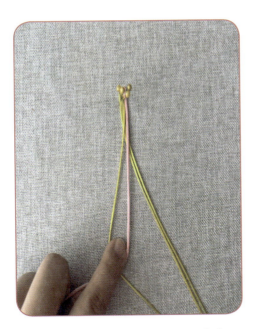

（3）从右起第1根黄线开始编，将右起第1根黄线穿过粉线左方。

（4）将右起第1根黄线围绕粉线旋转360°，并同时收紧黄线与粉线，形成第1个结。此时，需要一直往右侧发力拉线，保持轴线在左边。

（5）继续用这根黄色编织线围绕主线打结，往右侧发力拉紧，形成第2个结。

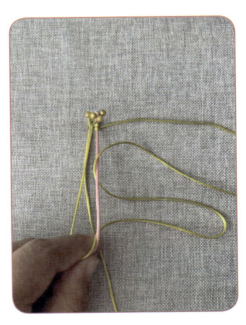

（6）将右起第2根黄线围绕粉线旋转360°，并同时收紧黄线与粉线，形成第3个结。

编织技法

(7)重复步骤(6),完成第4个结的编织工作。

(8)重复前面的步骤,完成右起第3根黄线的编织工作。

成品评价

1. 和小组同学的绳结成品相比,你的作品质量如何?颜色搭配和综合材料的应用有没有做到创新?

_____
_____
_____

2. 右斜卷结还可以应用在哪些地方?

_____
_____
_____

3. 教师总结评价:

_____
_____
_____

任务评分表			
评分标准	得分	扣分	备注(评分理由)
方法正确(1分)			
结形整齐(1分)			
松紧适中(1分)			
结尾干净(1分)			
配色美观(1分)			
考勤评价(3分)			
客户评价(1分)			
赛项评价(1分)			
总分(10分)			

创意作业

1.下图中的饰品为用斜卷结编织而成的项链、手链、戒指。请同学们参考下面的图片，结合其他结形，设计一款或一套样式新颖的斜卷结饰品。

2.请同学们以表格的形式列出作业结形的编织流程和编织过程中的重难点。

任务总结表	
编织流程	
重点	
难点	
工具材料	
用线长度	
学习心得体会	

3. 请同学们画出设计图,并且标明编织材料,写出设计说明。

- 编织材料

___

- 设计说明

___

- 设计图

学习任务二十一　左斜卷结编织

编织技法

左斜卷结编织步骤

🪢 任务情景

客户提供了一块方形水沫玉。现需要定制一款水沫玉挂饰，要求小巧精致。请结合客户需求设计一款左斜卷结挂饰，可搭配使用其他饰物。

🪢 结形解析

在花样绳编中，斜卷结是用得最多的结，结形简单，组合形式灵活多变，可以创造出各种各样的图案。一般斜卷结分为左斜卷结和右斜卷结，由绕线和轴线组成。左斜卷结的编法是左手拿轴线，右手拿绕线，绕线往左边绕。

🪢 学习目标

1. 能够掌握左斜卷结的编织方法与要点。
2. 能够将左斜卷结与其他结形相结合，编织手链、项链等。
3. 能够运用材质、造型、色彩等方面的知识，对编织的结进行装饰与美化。

建议学时

2 学时。

前期准备

1 根银色三股线（长度为 15cm）、1 根粉色蜡线（长度为 30cm）、1 颗珍珠、1 块水沫玉、打火机、剪刀、珠针。

编结步骤

1. 编织左斜卷结的主要流程有哪些？

2. 编织左斜卷结时容易出现什么问题？

（1）将粉色轴线拉到右边，黄色绕线置于左边。

（2）从左起第 1 根黄线开始编，将左起第 1 根黄线穿到粉线左方，并围绕粉线旋转 360°。

157

编织技法

（3）收紧编织线，形成第1个结。此时需要一直往左侧发力拉线，保持轴线在右边。

（4）再按照步骤（2）、（3）进行第2次编织，拉紧黄线，保持轴线在右边。

（5）依次按照步骤（2）、（3），对左起第2根、第3根黄线进行编织。

（6）成品展示。可根据斜卷结基础编织方法进行方向的改变或搭配方式的改变。

成品评价

1. 和小组同学的绳结成品相比,你的作品质量如何?颜色搭配和综合材料的应用有没有做到创新?

_____
_____
_____

2. 左斜卷结还可以应用在哪些地方?

_____
_____
_____

3. 教师总结评价:

_____
_____
_____

任务评分表			
评分标准	得分	扣分	备注(评分理由)
方法正确(1分)			
结形整齐(1分)			
松紧适中(1分)			
结尾干净(1分)			
配色美观(1分)			
考勤评价(3分)			
客户评价(1分)			
赛项评价(1分)			
总分(10分)			

创意作业

1. 请同学们参考下面的图片，结合其他结形并搭配其他首饰设计一款斜卷结挂件。

2. 请同学们以表格的形式列出作业结形的编织流程和编织过程中的重难点。

任务总结表	
编织流程	
重点	
难点	
工具材料	
用线长度	
学习心得体会	

3. 请同学们画出设计图，并且标明编织材料，写出设计说明。

- 编织材料

_____
_____
_____

- 设计说明

_____
_____
_____

- 设计图

学习任务二十二　四股辫编织

四股辫编织步骤

编织技法

🐘 任务情景

客户提出定制一款立体感较强、结形复杂多变的手绳。请根据客户需求，结合其他结形，设计一款四股辫手绳。

🐘 结形解析

四股辫由四股线相互交叉缠绕而成。四股辫分为圆形四股辫和方形四股辫。在练习编织圆形四股辫时，建议用2种颜色的编织线，这样比较好区分。

🐘 学习目标

1. 能够掌握四股辫的编织方法与要点。
2. 能够将四股辫与其他结形相结合，编织手绳、项链等。
3. 能够运用材质、造型、色彩等方面的知识，对编织的结进行装饰与美化。

建议学时

2 学时。

前期准备

4 根紫色 72 号玉线（长度均为 50cm）、1 根粉色流苏线（长度为 30cm）、2 颗银珠、打火机、剪刀、珠针。

编结步骤

1. 编织四股辫的主要流程有哪些？

_____

2. 编织四股辫时容易出现什么问题？

_____

（1）将绿线打 2 个金刚结并固定，取 1 根玫红色线交错放在绿色金刚结下方。

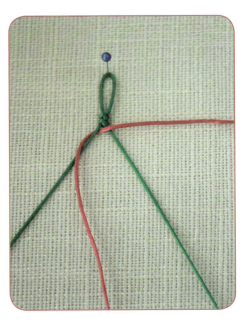

（2）将左边玫红色线拉至 2 条绿线中间。

编织技法

（3）将右边玫红色线从下往上穿过右边绿线，压在左边玫红色线上方。

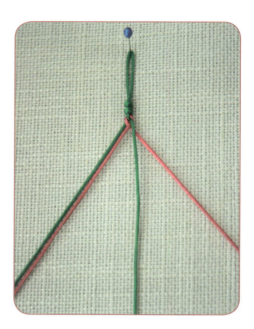

（4）收紧中间交叉的玫红色线，挪至左边并与左绿线平行排列，同时将右边绿线拉至中间。

（5）将左边绿线从左边玫红色编织线下方拉至2根玫红色线中间，并压在中间的绿线上方。

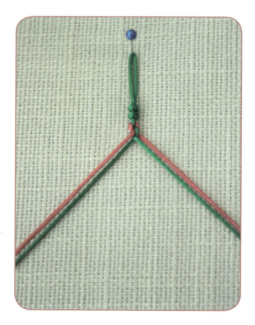

（6）将绿线挪至两边，分别和玫红色线平行排列。

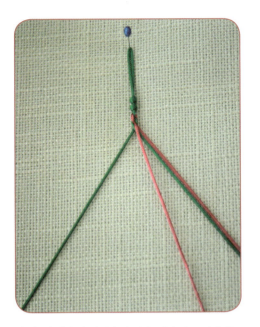

（7）将最左边的玫红色线拉至右边，注意使之位于2根绿线中间。

（8）将最右边的玫红色线拉至左边并压在右边玫红色线上方，注意2根玫红色线位于2根绿线中间。

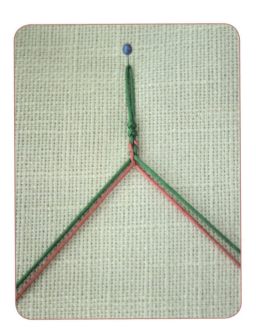

（9）收紧2根玫红色线并将其拉向两边，使之与两边的绿线平行排列。

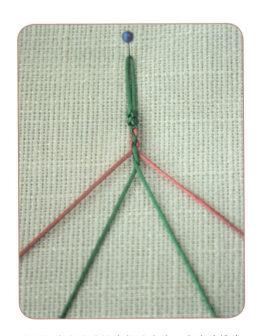

（10）将左边的绿线拉至右边，右边的绿线拉至左边，注意2根绿线交叉并位于2根玫红色线中间。

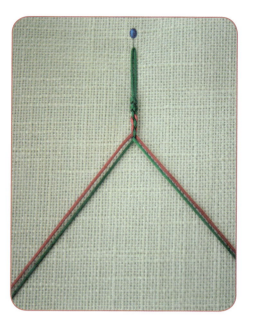 

(11)将绿线拉至两侧并与玫红色线平行排列。

(12)重复上述步骤,即形成四股辫。

成品评价

1. 和小组同学的绳结成品相比，你的作品质量如何？颜色搭配和综合材料的应用有没有做到创新？

_____
_____
_____

2. 四股辫还可以应用在哪些地方？

_____
_____
_____

3. 教师总结评价：

_____
_____
_____

任务评分表			
评分标准	得分	扣分	备注（评分理由）
方法正确（1分）			
结形整齐（1分）			
松紧适中（1分）			
结尾干净（1分）			
配色美观（1分）			
考勤评价（3分）			
客户评价（1分）			
赛项评价（1分）			
总分（10分）			

创意作业

1. 请同学们参考下面的图片,结合其他结形和饰品,设计一款四股辫手绳。

2. 请同学们以表格的形式列出作业结形的编织流程和编织过程中的重难点。

任务总结表	
编织流程	
重点	
难点	
工具材料	
用线长度	
学习心得体会	

3. 请同学们画出设计图，并且标明编织材料，写出设计说明。

- 编织材料

_____
_____
_____

- 设计说明

_____
_____
_____

- 设计图

学习任务二十三　发簪结编织

发簪结编织步骤

🌿 任务情景

客户是一名中国古代发饰爱好者，极喜欢充满古典韵味的发饰。客户提出，定制一款展现中国古代头饰文化的发饰。请用学过的中国结编织技法设计一款发饰。

🌿 结形解析

发簪结，极像女士用的发簪。发簪结的结形似一朵云彩，古时常用于装饰其他饰物，尽显饰物的华美。因结形美观大方，现代发簪结常用于制作手机挂件、汽车挂件等。发簪结可以看作经复杂变形的双钱结。

🌿 学习目标

1. 能够掌握发簪结的编织方法与要点。
2. 能够将发簪结与其他结形相结合，编织发饰、挂件等。
3. 能够运用材质、造型、色彩等方面的知识，对编织的结进行装饰与美化。

建议学时

2学时。

前期准备

1根绿色5号中国结线（长度为30cm）、1根粉色5号中国结线（长度为30cm）、打火机、剪刀、珠针。

编结步骤

1. 编织发簪结的主要流程有哪些？

2. 编织发簪结时容易出现什么问题？

（1）将两边的编织线交叉，绕出1个线圈并固定。

（2）将压在上方的编织线从下往上穿过线圈。

171

（3）调整线圈，往左、右两边各拉出倒三角形的造型，此时左、右两边各形成1个小半圆。

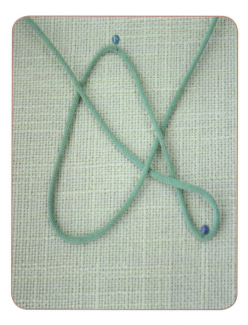

（4）将右边的小半圆从左往右扭转180°。

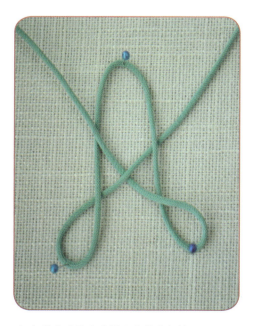

（5）将左边的小半圆从左往右扭转180°。

（6）将左、右两边底部的线圈交叉，右边线圈在上方，左边线圈在下方。

（7）开始调整交错在一起的中间线段。

（8）将结形整体调整到有6个孔相互交错的形态。

（9）将左边的编织线从下往上穿过左边中间位置的孔，跳过2根线并从右下角的孔穿出。

（10）将右边的编织线拉至右边中间位置的孔，从下往上穿过挑线。

编织技法

（11）接着从上往下穿过左下角的孔。

（12）此时，已完成第1遍主线编织流程。

（13）将穿线沿着主线形成的交错纹路进行编织。从右下角沿着主线的走向开始编织，可先从主线的内侧开始编。

（14）继续沿着主线方向编织，当主线交替往上的时候，穿线也要交替穿孔。

（15）依次沿着主线编织，即完成了第 1 根穿线的编织流程。

（16）将第 2 根穿线从右下角开始编织，这次靠主线左边挑线。

（17）按照前面的方法，沿着主线走向完成编织。

（18）完成 2 根穿线的编织。

编织技法

(19)收紧主线和穿线,尽量保持编织线紧致、平整,线与线之间不要留空隙。

(20)成品展示。

创意作业

1. 编织发簪结时需要注意哪些细节？请同学们参考下面的图片，结合其他结形，设计一款挂饰或发饰。

2. 请同学们以表格的形式列出作业结形的编织流程和编织过程中的重难点。

任务总结表	
编织流程	
重点	
难点	
工具材料	
用线长度	
学习心得体会	

3. 请同学们画出设计图,并且标明编织材料,写出设计说明。

编织材料

_____
_____
_____

设计说明

_____
_____
_____

设计图

3 作业案例

ZUOYE ANLI

作业案例一 《月明如水》

🔷 任务情景

企业提供水沫玉，需要我们运用所学结艺创作并编织成品。

🔷 任务设计

确定设计图，运用斜卷结、流苏、线圈、缠线，搭配青金石、南红玛瑙、朱砂、小金珠，编织双面项链。

🔷 作品寓意

冉冉升起的一轮明月，皎洁明亮，表达出人们追求真、善、美的美好愿望。

《月明如水》

作业案例二 《蜗牛》

🔶 任务情景

企业提供翡翠吊坠，需要我们运用所学结艺创作并编织成品。

🔶 任务设计

确定设计图，运用四股辫、斜卷结，搭配南红玛瑙、景泰蓝配件、小金珠，编织项链。

🔶 作品寓意

作品形似蜗牛，虽然蜗牛爬行得很慢，但它从不放弃前进的目标。寓意不屈不挠、锲而不舍的精神。

《蜗牛》

作业案例三 《鱼在水》

🐟 任务情景

企业提供翡翠原石，需要我们雕刻出动物题材的吊坠，运用所学结艺创作并编织成品。

🐟 任务设计

确定设计图，运用斜卷结、线圈，搭配南红玛瑙、珍珠、碧玺，编织项链。设计者以蓝色线绳表现水的色泽，以搭配的南红玛瑙表现鱼儿吐气泡的闲适自在，营造出鸿雁在云、鱼儿在水般自由自在的意境。

🐟 作品寓意

生活幸福、平步青云、如鱼得水。

《鱼在水》

作业案例四 《茶勺》

任务情景
企业提供翡翠茶勺，需要我们运用所学结艺创作并编织成品。

任务设计
确定设计图，运用四股辫、斜卷结、线圈，搭配南红玛瑙、景泰蓝配件、小金珠、珍珠等编织成结。将该作品挂在茶勺尾端既可起装饰作用，也具有防滑作用。

作品寓意
生活吉祥如意，做品德高尚的人。

《茶勺》

作业案例五 《三彩》

🏷 任务情景

企业提供翡翠吊坠，需要我们运用所学结艺创作并编织成品。

🏷 任务设计

确定设计图，根据吊坠本身特有的颜色，运用八股辫、斜卷结，搭配南红玛瑙、绿玉髓圆珠、小金珠等，编织项链。

🏷 作品寓意

福从天降、富贵吉祥、福泽绵延、家庭和睦。

《三彩》

作业案例六 《自在》

🔖 任务情景
客户提供翡翠吊坠,需要我们运用所学结艺创作并编织成品。

🔖 任务设计
确定设计图,运用八股辫、斜卷结、线圈,搭配翡翠圆珠编织成结。

🔖 作品寓意
爱情、事业、健康与财运有求必应,生活快乐自在。

《自在》(设计者:珠宝首饰1304班 王红艳)

作业案例七 《鱼悦》

任务情景
客户提供翡翠吊坠,需要我们运用所学结艺创作并编织成品。

任务设计
确定设计图,将吊坠本身特有的颜色与绳结颜色统一协调,运用菠萝结、双向平结、流苏、缠线、线圈,搭配翡翠配件、绿松石圆珠、小金珠等编织成结。

作品寓意
平安吉祥、悠然自得。

《鱼悦》(设计者:珠宝首饰 1304 班 王红艳)

作业案例八 《龙牌》

🔶 任务情景

客户提供翡翠吊坠,需要我们运用所学结艺创作并编织成品。

🔶 任务设计

确定设计图,注意绳结的颜色和吊坠的颜色统一协调,运用八股辫、单向平结、斜卷结、线圈、缠线,搭配南红玛瑙、小金珠编织成结。

🔶 作品寓意

平步青云、四平八稳。

《龙牌》(设计者:珠宝首饰1304班 王红艳)

作业案例九 《云吞》

🔲 任务情景
客户提供天河石南瓜珠，需要我们运用所学结艺创作并编织作品。

🔲 任务设计
确定设计图，注意绳结的颜色和天河石的颜色统一协调，运用八股辫、双向平结、缠线，搭配金线圈、银线圈编织成结。

🔲 作品寓意
有求必应、幸运相伴、化险为夷。

《云吞》（设计者：珠宝首饰 1304 班 王红艳）

作业案例十 《花开富贵》

🪨 任务情景

客户提供翡翠花朵,需要我们运用所学结艺创作并编织成品。

🪨 任务设计

确定设计图,确定绳线颜色为蓝色和黄色这两种互补色,运用斜卷结、双向平结,搭配金圆珠、南红玛瑙编织成结。

🪨 作品寓意

花开富贵、富贵平安。

《花开富贵》(设计者:珠宝首饰1304班 王红艳)

作业案例十一 《中国红》

🎨 任务情景

客户想送给外国朋友一个具有中国特色的中国结礼物,需要我们运用所学结艺创作并编织中国结挂件。

🎨 任务设计

确定设计图,选择大红色线绳,运用四瓣曼陀罗结、菠萝结、流苏、八股辫、双向平结,搭配平安扣、水沫玉、玛瑙编织成结。

🎨 作品寓意

幸福永驻、吉祥安康、平宁安远。

《中国红》(设计者:宝玉石 1813 班 李思悦)

作业案例十二　宝宝聚福系列作品

任务情景

客户想送给小朋友一份祈福、纳吉、辟邪的礼物，需要我们运用所学结艺创作并编织作品。

任务设计

确定设计图，选择大红色线绳，运用蛇结、四瓣曼陀罗结、双向平结、八股辫，搭配金配饰编织成结。

作品寓意

避邪祛灾、祛病强身、平安长大。

《宝宝聚福压惊》（别针）

《宝宝聚福》（手绳）

作业案例十三 《少女》

任务情景
每个女孩心中都有一个粉色的梦，运用粉色线来一起编织吧！

任务设计
确定设计图，将粉色线和辅助材质完美融合，运用吉祥结、双向平结、线圈、斜卷结、八股辫，搭配翡翠配件编织成结。

作品寓意
幸福永驻、吉祥安康。

《少女》（一）（设计者：珠宝首饰1910班 白宁芳）

《少女》（二）（设计者：珠宝首饰1910班 白宁芳）

作业案例十四 《一路"象"北》

任务情景

2021年4月，发生在中国云南省的一群亚洲象从原栖息地西双版纳傣族自治州向北移动的事件备受关注，政府、民众、学界对亚洲象的保护以及人与动物和谐共生的话题成为国内外广泛关注的热点。以《一路"象"北》为主题，设计制作流苏挂件。

任务设计

以布拼的方法缝制大象，同时搭配吉祥结和流苏。

作品寓意

保护环境，人与动物和谐相处。

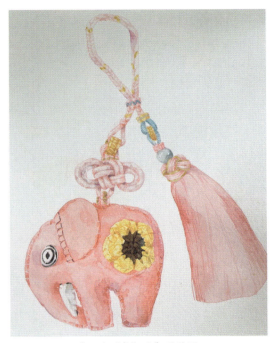

《一路"象"北》设计图

《一路"象"北》

作业案例十五 《轮回结》

🔖 任务情景

运用单线平结的基础编织方法，用 92 号或者 93 号玉线制作手绳。

🔖 任务设计

确定设计图，注意颜色搭配协调，如搭配的配饰与线绳的颜色统一协调。同时，保持手绳长度适中，结形匀称。

🔖 作品寓意

四季消灾，象征人类的永恒发展。

《轮回结》

作业案例十六 《石榴》

🎯 任务情景
以你熟悉的一种水果作为设计元素,画出设计图,制作一套结艺首饰。

🎯 任务设计
确定设计图,提取石榴的酒红色和树枝的褐色元素,搭配水晶编织成结。

🎯 作品寓意
多子多福、金玉满堂、繁荣昌盛。

《石榴》手稿(一)

编织技法

《石榴》手稿（二）

《石榴》（设计者：宝玉石 1710 班 肖虹婷）

3 作业案例

作业案例十七 《蔷薇》

🐦 任务情景
以你熟悉的一种花朵作为设计元素，画出设计图，制作一套结艺首饰。

🐦 任务设计
确定设计图，提取蔷薇的淡粉色和形状元素，运用斜卷结、琵琶结、流苏，搭配碧玺编织成结。

🐦 作品寓意
象征纯洁的爱情，表达对美好爱情的憧憬。

《蔷薇》（设计者：宝玉石1608班 杨铭珠）

作业案例十八 《北极熊的烦恼》

任务情景
以绿色生活、健康饮食为主题设计制作一套编织作品。

任务设计
以北极熊为装饰对象，编织各种配饰装扮可爱的北极熊。在设计配件时，针对不同生活习性的北极熊作不同的设计，使它们形成鲜明对比。

作品寓意
热爱生命，健康生活。

《北极熊的烦恼》（设计者：宝玉石1711班 徐小钦）

作业案例十九 "礼物"主题系列作品

🎁 任务情景

以"礼物"为主题设计制作串珠首饰两件套。

🎁 任务设计

制作蝴蝶兰蕾丝项链和繁花绣球耳环。

🎁 任务思路

作品《蝴蝶入兰间》：蝴蝶兰淡雅耐看，用紫色和蓝色系珠子做出渐变效果的花瓣，使淡雅里增添了一丝可爱之气。

作品《地中海的旋律》：将不同色系的珠子串起来，形成绣球花的造型。

🎁 作品寓意

《蝴蝶入兰间》：珍贵的友情。

《蝴蝶入兰间》（项链）（设计者：首饰设计 F1806 班 谢雨宸）

《地中海的旋律》：绣球花的花语是希望，原产自地中海的绣球花，一向以在严冬开花的生长习性而闻名于世。寒冬时，乍见粉红色的花蕾和白色的花朵，似乎在告诉人们春天的脚步近了。绣球花寓意希望、忠贞、美满。

《地中海的旋律》（耳饰）（设计者：首饰设计 F1806 班 谢雨宸）

作业案例二十 《出"棋"不意》

🪨 任务情景

以云南保山永子棋院为主题设计一套首饰。

🪨 任务设计

运用金属编织工艺,以棋子和围棋收纳盒为设计元素制作胸针、项链和耳饰。

🪨 作品寓意

传承非物质文化遗产。

《出"棋"不意》手绘设计图
(设计者:宝玉石2018班 赵翠相)

胸针效果图
(设计者:宝玉石 2018 班 赵翠相)

劲饰效果图
(设计者:宝玉石 2018 班 赵翠相)

3 作业案例

编织技法

耳饰效果图
(设计者：宝玉石 2018 班 赵翠相)